让我们共同探寻猎场的

掌控卓越策略

胡远◎编著

|赢|在|猎|场|

# 高手策略

民主与建设出版社

·北京·

© 民主与建设出版社，2024

**图书在版编目（CIP）数据**

赢在猎场 / 胡远编著 . -- 北京：民主与建设出版社，2017.12（2024.4 重印）

ISBN 978-7-5139-1858-9

Ⅰ . ①赢…　Ⅱ . ①胡…　Ⅲ . ①成功心理—通俗读物　Ⅳ . ① B848.4-49

中国版本图书馆 CIP 数据核字（2017）第 304681 号

## 赢在猎场
### YING ZAI LIECHANG

| | |
|---|---|
| 编　　著： | 胡　远 |
| 责任编辑： | 王　倩 |
| 出版发行： | 民主与建设出版社有限责任公司 |
| 地　　址： | 北京市海淀区西三环中路 10 号望海楼 E 座 7 层 |
| 电　　话： | 010-59419778　59417747 |
| 印　　刷： | 三河市天润建兴印务有限公司 |
| 开　　本： | 710mm×1000mm　1/16 |
| 字　　数： | 180 千字 |
| 印　　张： | 15 |
| 版　　次： | 2018 年 1 月第 1 版 |
| 印　　次： | 2024 年 4 月第 2 次印刷 |
| 书　　号： | ISBN 978-7-5139-1858-9 |
| 定　　价： | 58.00 元 |

注：如有印、装质量问题，请与出版社联系。

# 目 录
## CONTENTS

## 第三章　任何问题都有一个最好的解决办法 ——付诸行动

## 第四章 懂得变通，学会适应工作

## 第五章 不断提升你的个人能力

## 第六章 锁定你的目标和注意力

# 第一章

## 智慧的选择胜过天生的才能

1

富兰克林说过:"宝贝放错了,就是垃圾!"换而言之,所谓天才,就是放对地方的人才;反过来,你眼中的蠢材,很可能也只是放错地方的人才。天底下没有傻瓜,只有放错位置的人。而工作是每个人施展才华和实现人生梦想的平台,如果工作错位了,纵使是天才也会无用武之地。

# 搭错职业这趟车的烦恼

有很多的人，具备优秀的潜质，但是，工作几年下来，却往往一事无成，对前途更是一片茫然。究其原因是因为在最初选择工作时，处在"高不成，低不就"的尴尬境地，最后一念之间做出了错误的选择，导致自己与最理想的工作擦肩而过。

蒋秋芳的境况便是最真实的写照。大学毕业后，聪明漂亮的蒋秋芳决心在上海扎根并做出一番事业来。她的专业是服装设计，本来毕业时是和一家著名的服装企业签了工作意向的，但由于那家企业在外地，她经过考虑后决定放弃。

在上海找了几家做服装的公司，但都不甚满意。大公司不愿意要没有经验的学生，小公司的条件蒋秋芳又看不上，无奈她只有转行，到一家贸易公司做市场。一段时间以后，由于业绩迟迟得不到提高，蒋秋芳感到身心疲惫，对工作产生了厌倦情绪。心气很高的她感到还是自己单干更好，于是联系了几个同学一起做服装生意。本以为自己科班出身，做服装生意有优势，可是服装销售和服装设计毕竟不是一回事，不到半年，生意亏本不说，同学间也因为利益纠纷闹得不欢而散。

无奈，蒋秋芳只好再找地方打工，挣钱还债。现实的残酷使蒋秋芳陷入很尴尬的境地，这是她当初无论如何也没有想到的。

像蒋秋芳这样聪明又漂亮的女大学生，为何工作几年下来，却落得这样的田地呢？一言可概之：聪明反被聪明误。造成其错位的主要原因有三：一是过于看重环境，为了留守上海，不明智地放弃适合自己的好工作；二是对小公司有偏见；三是背离了自己最喜欢和擅长的行业，这也是最重要的一条。

蒋秋芳这种情况代表了很多就职者的心态，他们在较好的高校中获得文凭，在就业中难免会出现"高不成，低不就"的尴尬。明智的做法，应该是广拓出路，放低姿态，先求生存，再谈发展。

所谓英雄不问出处，仔细看看那些成功人士，有多少人一开始就处于良好的平台呢？况且工作平台的好坏也是相对的：大公司有大公司的正规，小公司有小公司的灵活；大城市有大城市的繁华，小城市有小城市的宁静。条条道路通罗马，你又何必独走繁花锦簇的大道呢？你如果真是金子，何愁没有发光的机会？所以，关键在于你是否在适合你的平台上。

择业颇有些像寻找意中人，心仪的对象再多，你也只能选择一个，正所谓弱水三千，只取一瓢。如此重要的选择，可很多人并不谨慎对待，也许是乱花迷人眼，人们往往不根据自身的实际情况，而选择那些看起来最美丽、最有面子、最时髦的工作。据有关调查显示，几乎80%的人选择自己的行业和职位时，都参照了"行业热门指数"之类的职场报告和社会潮流走向，偏向选择眼下高收入的行业和职位，这就是导致职业错位的重要根源所在。

在这个世界上，之所以有那么多有才华的穷人，就在于他们盲目地选择热门、体面的工作时，造成了职业的错位，结果是，纵使自己有满腹才华，也无处可施，陷入失意的泥潭不能自拔。

房地产行业一直是个热门行业，一波三折，从未平息过。黎江涛当初读大学时选择的就是房地产专业，但当他大学毕业时，房地产行业一落千丈，成为一个十足的低薪行业。于是黎江涛进入当年最热门的IT行业，做了程序员。

在这一行，他明显没有计算机专业出身的同事们有优势，干得寂寞难熬。一年后正逢房地产行业再度兴起，他毅然跳入了房屋租赁业，做了租房中介。借着当初的大好形势，他的薪水也水涨船高。但他发现这几年除了拿几个月高薪外，没有在职业上积累任何优势。终于有一天，公司宣布缩小规模，黎江涛的名字赫然出现在裁员名单上。

从黎江涛的职业经历来看，他是一个热门、高薪行业的逐浪者，这是极度危险的身份。不明白自己的职业定位，不知道自己具体适合做哪行，使得他一直处在得过且过的状态中。因此，他首先要做的，是应该明确自己是否喜欢房地产这个行业，然后，果敢抛弃过去错误的"赶潮流"念头，重新认识自己，找到和个性吻合的工作，给自己重新定位。要不然，一味追随热门工作、贪图一时的高薪，必将给自己的职业生涯留下遗憾。

对于职业选择和人生规划而言，有句话大家听得太多了，那就是"男怕入错行，女怕嫁错郎"。道理再简单不过，一个男人一生最可怕的事，莫过于选错职业；而一个女人一生最可怕的事，当然莫过于嫁错了人。这话对于现代人而言，有失偏颇—在这样一个讲究女性经济独立、男女平等的社会，选择行业，男女同等重要。其实上天是公平的，不管你是天资平平的凡人，还是百里挑一的佼佼者，如果选错了行业，同样会让你壮志难酬。

然而，世界上绝大部分人正在从事着与自己性格格格不入的工作。尽管他们勤勤恳恳、任劳任怨，尽管他们不畏艰险、百折不挠，但是，平庸就像挥之不去的梦魇一样，依然伴随其左右，他们的脚步仍然无法踏向成功的大道。为什么会出现这样的情况？因为他们走的是一条南辕北辙的路，他们越是在这条路上努力，成功离他们也就越遥远。他们背离了自己的天性，背离了自己的使命和归宿。

以上几个案例并非特例，而是反映了很普遍的职业错位的现象，它们代表着当下几种职业错位的不同情况，但总体上都体现了大部分人对于职业选择的盲目性、冲动性。用《谁动了我的奶酪》里的话来总结就是：不慎重选择自己从事的行业，对于拥有你自己的奶酪来说，是极其危险的，它将使你远离你的奶酪，与奶酪无缘，因为——天才也怕入错行。

## 【课堂总结】

无法听从自己内心的召唤，而是随波逐流，这是搭错职业这趟车的根源所在。道理其实很简单，热门也好，高薪也好，体面也好，如果这份工作与你想要达到的目的地南辕北辙，那只会使你与成功渐行渐远。

# 怀才不遇的根本原因在于自己

时下，抱有怀才不遇之感的人士比比皆是。他们自喻为被埋没的珍宝，因为平台的错位让别人看不到他们的闪光点，强烈的错位感让他们处在尴尬的境地，进退两难。然而，根据研究发现，怀才不遇主要由以下几个方面造成：

## 1. 职业错位和管理者安置岗位不当

因为找错工作而造成的负面影响，前面的例子已经足够证明，那种郁郁不得志的心情就是典型的怀才不遇。

此外，管理者不懂得知人善任，也会导致员工感到怀才不遇。譬如说一个人性格内向，喜欢和文字打交道，适合做编辑的人员，却把他安排去跑业务，而让口才好、交际能力强的业务员去坐办公室，做一般的文员这种情况在职场中并不少见。

## 2. 急功近利的心态

有些人有急功近利的心态，一开始对自己的期望就过高，这种现象在职场新人身上，表现尤其突出。他们刚踏入社会，还没有经历过多少挫折，再加上学历都很高，因此，有好高骛远的心态在所难免。但是，当深入到职场，感觉到现实和想象的反差太大时，自然就会有怀才不遇之感。

### 3. 自身能力不足

不患别人不知己，就患技不如人。自认为才华出众，才高八斗，其实还差得远，碰到实际问题，还真解决不了。许多刚出校门的学生常会碰见这样的问题，总认为领导不重视自己，很想一展身手，然而一旦接受任务就感到手足无措，不知道该如何干，或是凭感觉办事，结果一干就错。可见，自身能力不足是导致怀才不遇最常见的原因。

### 4. 自我推销能力欠缺

在公司里，通常心仪的职位和薪水对于很多人来说，就如同懦弱的男人暗恋已久的情人，想追求她，却又不敢大胆地表白，只能暗自努力，希望终有一天能将她"拥"入怀抱。然而，或许在你费尽周折之后却发现，"她"结婚了，而"她"的新郎却是远不如自己的人。遇到这样的情况时，你的内心是怎样的感受呢？通常，很多人就会发出怀才不遇的感叹。这种情况，在职场中并不少见。那么，为什么那些反而不如自己的人晋升了，你却不能呢？难道只能用"老板肯定是昏了头"来解释吗？

　　真正的原因，是你缺乏自我推销的能力，没有在适当的时间和地点，适当地表现自己的能力。这一点，古人挺值得我们学习的。姜子牙、诸葛亮难道仅仅是靠学识成功的吗？

　　传说姜子牙大半生埋没于市井，直到七十来岁才争取到了一个自我表现的机会。他事先得知周文王会经过他经常垂钓的湖边，于是，他把自己打扮成一副仙风道骨的样子，用无钩的鱼竿钓鱼，一下子就吸引了路过的周文王。周文王问他为何钓鱼不用鱼钩，他以一句"愿者上钩"答之。周文王觉得神奇，就更加有兴致与他交流下去。于是，姜子牙就恰到好处地抓住了这个机会，口若悬河，大讲人生道理和治国之道，把他毕生所学淋漓尽致地表现了出来。就这样，周文王被他的才学折服，当即拜他为相。

　　诸葛亮的自我推销与姜子牙有异曲同工之妙。易中天在《品三国》中提出"三顾茅庐"乃是诸葛亮自我推销设计的一个局，现在想来，诸葛亮的自我包装和推销能力可谓是达到了登峰造极的地步。如果《三国演义》中的"三顾茅庐"符合史实的话，就更能证明诸葛亮是有意为之，从让刘备未见其人，先闻其名，然后到三顾才得见，处处体现出诸葛亮高超的自我推销能力。

　　如此看来，怀才者有两种：真才与自以为有才；不遇者也有两种：不遇机会和不遇伯乐。

若按"工作就是生意"的现代观点来看，人才也是商品，既然是商品，那么也就逃脱不了畅销、滞销、适销对路等市场准则。而作为你的老板，就可以说是你的顾客，顾客不识货，不认同你，只能说明你这个产品有问题，或者是你的自我推销能力不行，怪不得他人。因此，即使存在着很多的外在因素，但怀才不遇的根本问题还是在于自己。

这个时代变化太快了，知识更新和技术更新都非常之快，一个人过去掌握的熟练技能很可能转眼之间就无用武之地了，而自己还浑然不觉。因此作为职场中人，学习是非常必要的，只有不断地学习新知识、掌握新技能。才能永葆自己的才华青春。

## 【课堂总结】

工作就是生意，人才也是商品。既然是商品，畅销、滞销、适销是最正常的现象。老板作为你的顾客，挑剔、不识货都是最自然不过的。这只能说明你这个产品有问题，或者是你的自我推销能力不行。因此，与其怀才不遇地蹉跎时光，还不如主动去提升自己，争取把自己"卖"个好价钱。

# 人才放错了位置，就是庸才

错位、"才不逢位"，对于局中人而言，比较难以自省。但是，对于旁观者而言，可能就会觉得像是个笑话。在此，我们以史为镜，来看看那些久远却鲜活的历史人物制造过怎样的笑话。

明朝皇帝明熹宗，是一个令天下人笑掉大牙的"木匠天子"。他酷爱木匠活儿的程度达到了无以复加的地步，皇帝不好好做，却把大部分精力花在木匠活儿上，且还乐此不疲。据说他做成的物品，连能工巧匠也自叹弗如，如果不是历史的限制，他也许能成为一个极其优秀的木匠。

不做皇帝去做木匠，很多人觉得不可理解，可是，他本来就是做木匠的料子，却不幸做了皇帝，最后留下了千古骂名。这既是他的大不幸，也是明朝的大不幸！

历史人物多如繁星，像木匠皇帝这样错位的人也比比皆是。像画家皇帝宋徽宗，一生酷爱丹青，其画画的水平，当时一般的画家也无法望其项背。还有那个写下了千古名词"问君能有几多愁，恰似一江春水向东流"的李煜，其感物伤怀的性格和写作上的造诣完全达到了一个文学家的水准。这两位皇帝，颇有些相似，适合做艺术家，却都做了皇帝，结果，使国家陷入水深火热之中，苟延残喘，最后成了阶下囚。对比两人的相似程度，难怪有人迷信地认为宋徽宗是李煜的转世。

皇帝是国家最高的领导，他的错位，不仅导致自己在岗位上的平庸，而且会连带导致国家的破灭。可见，管理者的错位，造成的危害更不可轻视。我们设想一下，让孔明扛着青龙刀野战千里，让关云长摇着鹅毛扇运筹帷幄，那会导致怎样可怕的后果？

第二次世界大战期间，有一支临时组建的小分队奉命驻守在一个小岛上。小分队的成员是由各行各业的人组建而成：他们当中有大学教师、机械工程师、政府机构的办事员，也有泥瓦匠、小饭馆老板、裁缝铺的学徒，还有消防队员、小提琴手、汽车修理工等等。

一到岛上，他们就马上行动起来。有的用捡来的木条、干草搭起了简陋的帐篷，有的用自制的工具支起了炉灶，还有的忙着施展烹饪手艺，人人都使出自己的拿手戏，在各自擅长的方面尽情地发挥。一顿丰盛的晚餐过后，他们还举办了一场热闹的晚会，大家有说有笑，开心不已。

几天过后，小岛遭到敌人的攻击。在枪林弹雨的战场上，大学教师和小饭馆老板便显得手足无措，失去了用武之地，而消防队员和汽车修理工则临阵不乱，熟练地使用手中的武器，对敌人进行了狠狠的回击。

从这个例子中我们可以看到，大学教师受过高等教育，掌握的知识较多，可以说是比较有才华的人，可是一打起仗来，却不如一个只念过几年书的消防队员. 这就是所谓未在其位，能力就无法得以施展。

这支临时招募过来的小分队，其实就是工作中我们的写照。他们的遭遇，同样是我们在工作中可能会碰到的尴尬。那些才华横溢的人，之所以无法发挥自己的优势，是因为主观和客观原因让他们无法找到最适合的位置，无法让他"在其位，谋其职"。

## 【课堂总结】

宝贝放错了地方就是垃圾，要懂得经营自己的长处，懂得用当其才。正如寓言故事所说，跳水冠军青蛙去参加攀登比赛必然会一败涂地，翱翔高手雄鹰进百灵俱乐部去唱歌，必然会让自己黯然失色。

# 过分苛求"好工作"的五大误区

时下，人人都说就业难，找一份好工作就更加难上加难了。事实上，过分要求工作环境、工资待遇、工作单位规模等，才是导致他们找不到好工作的主要原因。无论是刚毕业的大学生，还是有过一些职业经历的在职人员，可能一直偏执地希望找到那份心中的"好工作"，但好工作好像故意躲着他们一样，望眼欲穿而不得。究其原因，是因为他们陷入了盲目追求好工作的误区里，主要有以下五个方面：

**误区一：过分讲究工作环境**

大部分的人都希望找那种又轻松、又稳定、环境好、挣钱多的工作，能找到坐办公室的工作最关键，最好还是大公司，在市区。有很多人希望工作不要太苦，不愿意下基层，不愿意到公司一线，不愿意做销售，所以，一提到工厂工作，或者做保险工作，他们唯恐避之不及。这些都是苛求工作环境上的误区。

### 误区二：工作稳定、待遇高

"请问贵单位的待遇怎么样？"

"有没有奖金、年终分红？"

"能不能解决住房？会不会经常辞退人？"

这是很多人在应聘时会经常提到的问题。提到具体的待遇和福利，这本身是很正常的事情，但是，很多人的要求往往过高，特别是有些应届毕业生，月薪要求一般都在2500～4000元左右。大部分人自恃是大学生或者拥有更高的学历，理应拿几千元的月薪，可是他们根本不考虑他们能为单位创造多大价值。况且时代在变，现在已经不是一个唯学历是从的时代，单位看重的是实际的专业能力。

### 误区三：追求热门职业

热门职业一直是很多人心中理想的"好工作"，待遇好，工作环境好，社会地位高，热门职业都被披上了美丽的外衣。事实上"美丽"的热门职业未必对谁都适合，热门职业因为其"热门"，必然会成为众人争抢的对象，从而其对从业者的要求也会很高，最终能够成功地找到"热门"工作的人也是有限的。

因此，应提醒广大的年轻人，不要盲目地选择热门的专业和工作，除非是自己所爱。当然，如果不幸选择了热门的专业，而又并非自己所擅长的，就要果敢调整，结合当前人才市场短缺情况，打破传统的就业观念，从自身的特点出发，增加自己的含金量，让自己在就业市场上更具有竞争力。

**误区四：迷恋大型企业**

有相当一部分人认为，只有到大型企业去才能充分发挥出聪明才智。他们认为大型企业具备实现人生价值的物质和精神条件，而小企业只有几十或几百号人，资金不雄厚，更谈不上什么发展前途了。基于这种想法，很多人根本不选择小型公司，更不愿选择私人企业。

有人曾询问职业专家，是选择做大池塘的小鱼好呢，还是做小池塘的大鱼好？职业专家的答案是：两者都可以成功。但是他最后强调说，选择做小池塘的大鱼的人，会得到更多历练的机会，会更具开拓精神。

的确如此，大型企业里面人才济济，竞争十分激烈，而一般的小企业，对人才的需求却如饥似渴。事实上，近年来，大企业里的大学生往往"大材小用"，而小企业却多"小材大用"。其实，不管在大企业还是小企业，只要有真才实学，脚踏实地，同样能干出一番事业来。

**误区五：付出少，回报高**

有的人是想付出很少，得到很多，期望工作是"活少钱多离家近，位高权重责任轻"。抱有这种心理的人，明显缺乏对工作的正确认识，还没有做好足够的心理准备，以这种状态进入职业生涯，迟早会被淘汰出局。

社会上真的有少干活，多拿钱的工作吗？当然有，但对绝大多数人来说，是可遇不可求的，"好工作"是脚踏实地做出来的，而不是从天上掉下来的。

## 【课堂总结】

人性最可怜的，就是我们总是梦想着天边的一座奇妙的玫瑰园，而不去欣赏今天就开在我们窗口的玫瑰。所谓的好工作，并不是别人身上光鲜而华丽的时尚外衣，而是穿在自己身上舒适而自在的那一件。

# 找准自己的定位

你选择的行业和对自己角色的定位是你事业的起点和方向。方向对了,才有发展前景;方向不对,就像在走一条死胡同,速度越快,碰壁越惨。找准自己的定位是一切成功的基础,位置决定地位,秦国丞相李斯的选择能给我们带来一些启发。

李斯 26 岁时,还只是楚国上蔡郡看守粮仓的小文书,他的工作就是负责登记仓内粮食的进出。他的位置虽然谈不上重要,但也衣食无忧,日子也就这么一天一天地过着。

改变李斯命运的,说起来其实是一件极其平常的小事。一天他内急进厕所,不料却惊动了厕所内的一只老鼠。这只惊慌失措的老鼠瘦小干瘪,探头缩爪,且毛色灰暗,身上又脏又臭,令人恶心。李斯看着这只老鼠,不由得想起自己管理的粮仓中的老鼠,它们一个个脑满肠肥,皮毛油亮,整日在仓中大快朵颐,逍遥自在。与眼前厕所中的这只老鼠相比,真是天上地下啊!

"人生如鼠啊!不在仓就在厕。"李斯不禁长叹一声,想着自己已经在小小的上蔡粮仓中做了 8 年的文书,从未出去看过外面的世界,这就好比生活在厕所中的老鼠一样,不知道还有粮仓这样的天堂。他告诉自己，一辈子能否荣华富贵，全看自己找一个什么位置了。

李斯决定换个活法，第二天，他就离开了小城，去投奔一代儒学大师荀况，开始了寻找"粮仓"之路。20年后，他成了秦始皇的丞相……

诚如李斯所言，人生如鼠，不同的定位就会有不同的人生。每个人都拥有充分的自主权，可以选择自己喜欢的，能为自己带来最大收益的位置。如果你需要一份新工作、一辆新汽车或一间新房子，那么你就可以为自己设计达到目标的路线。如果你放弃自己选择的权利，只是被动地承受接踵而来的一切，那么你就无法体会到选择的力量及它所带来的收获。

大多数人将眼光瞄准持续高薪的行业，并会挑选这些行业中的好企业。这一点无可厚非，好的环境毕竟更有利于发展，但是，前提是高薪的行业和企业必须是你所喜欢和擅长的领域。如果违背自己的意志，即使侥幸获得梦想的成功，也难以获得内心的幸福感。

【课堂总结】

人生的竞技和比赛无异，当我们站在新一轮职业生涯的起跑线上时，首先要静下来想一想，工作到底意味着什么？如何给自己定位？每个人的能力和精力有限，经受不起太多的折腾，因此，一开始就不要错。

## 成功的捷径就是选择正确的事去做

选择让你无处藏身，甚至"不做任何选择"也是一种选择。因此，更重要的不是是否选择，而是如何选择，或者更准确地说，是如何做出正确的选择。成功与失败的区别在于，成功者选择了正确，而失败者选择了错误。因此，我们常常能够看到一些天赋相差无几的人，由于选择了不同的方向，人生却迥然相异。

成功有没有捷径？有！否则，就不会有人在恶劣的环境中，仅仅依靠自己的努力，就能创造一般人几辈子都无法企及的财富和荣誉。然而，与一般人理解不同的是，捷径绝不是一条可以偷懒的道路，恰恰相反，走捷径而迅速成功的人，远远比绝大多数普通人都勤奋得多。

所谓捷径，乃是向着正确的方向，用正确的方法去加倍地努力，直至成功。而且，每个人的捷径都不相同，"照猫画虎"的结果却往往大相径庭。

如何才能找到属于你自己的捷径呢？管理大师彼得·德鲁克曾指出：任何人要成功，首先要做正确的事，然后才存在正确地做事。向正确的方向走路，必定要远比仅仅正确地走路更容易到达目的地。因此，我们在决定做一件事情之前，首先要确定将要做的是正确的事，然后才是正确地完成它。而所谓正确的事和方向，必须要靠我们的头脑去权衡，从而做出一个合理的判断，而且这个判断过程应该是谨慎而系统的。

换句话说，寻找捷径最为重要的前提和条件就是选对正确的前进道路. 这是一个非常简单的道理，然而，人们在利益和机会的种种诱惑面前，却往往最容易迷失自己的方向。譬如，很多人在职业选择上常常不知所措，他们宁愿为一件衣服挑三拣四，却不肯花点时间认真考虑自己职业的发展方向，这样就导致他们在职业选择中犯下方向性的错误—入错了行。

工作中一时的失败和挫折不足为惧，但是如果一个人所选择的行业是自己根本不喜欢的，甚至深深讨厌的，那么确实可怕，这意味着他在这一行中将永无出头之日，而随着年龄的老去，他也将慢慢失去重新选择的可能。

可见，对于职业的选择，做出的决定正确与否，决定着你一生的成败与荣辱，其重要程度，是不言而喻的。

## 【课堂总结】

如果一个人所选择的行业，是自己根本不喜欢的，甚至极其讨厌的；结果是相当可怕的。这意味着他在这一行中将永无出头之日，而随着年龄的老去，他也将慢慢失去重新选择的可能。可见，对于职业的选择，做出的决定正确与否，决定着你一生的成败与荣辱。

# 职场的捷径——跟对上司

在职场，有一个好的上司，自然会让自己的职场之路走得更顺利一些。只有跟对上司，才能为自己的进一步升职加薪铺路。跟对上司，无疑是一个人在职场成功的重要因素之一。

热播一时的《潜伏》一度成为人们谈论的话题，大街小巷，公交车上，办公室内，人们都在谈论《潜伏》。

为什么《潜伏》会热？仅仅是因为它是一部惊险刺激的谍战片？当然不是，《潜伏》更多剧情更像一部职场演绎，吴站长、余则成、李涯、马队长、陆桥山等，彼此的相互利用，钩心斗角，明争暗斗，相互算计。像战场，更像职场！

这部电视剧的重要看点无疑就是这种办公室政治，小人物被挤出局，几个重点人物死的死，亡的亡，存活下来的人就是这场斗争中的佼佼者。现实生活中的职场又何尝不是这样？

国企也好，外企也好，私企也罢，底层人物的钩心斗角，相互倾轧。《潜伏》中的吴站长就是典型的领导人物，故意留出来一个副站长的位置，平衡和制约下属，让低下的人斗法。而余则成最后却成了副站长，其中，有一个重要的原因，就是他的上司—吴站长对他的关照和提拔。

现实生活中的职场虽然没有那么可怕，但是，每个人在职场的斗争中都在面临被淘汰或者被打入冷宫的危险。如何才能在众多的竞争者中顺利地脱颖而出呢？

张良是一家外企的销售部成员。刚进入公司的他就被主管打入冷宫，被派到一个偏远的城市去推广保健器材。原因很简单，就是无意中跟另一个销售部门的主管说了几句话，无意中说出了一个客户的名字，然后，让对方"截和"了。

主管自然非常生气，直接把张良派往一个偏远的地区推销保健器材。而和他一起进公司的两个人因为他的过错就会有一个人上位，成为副主管。

张良回到租房，唉声叹气地坐在沙发上抽烟。

正好，一起租房的王先生看到了，随口问了一句："工作不顺心？"

张良点头。

王先生坐在沙发上，问："说说。"

张良把事情的原委说了一遍，顺便把公司的种种关系都说了一下。王先生听完，不由叹气："你啊，太大意了。""职场上，少说多做，这是第一位的。然后，就是站队，跟对了领导你才能有机会上升。"

张良说："我一时大意了。我现在该怎么补救呢？"

王先生说："现在，你要主动跟你的主管沟通，要赔礼道歉。通过你说的情况，我看主管本来是想提拔你的，你为人老实，没有野心。你那两个竞争者，一个野心太大，另一个董事局有亲戚，他们总有一天你站在你平庸的上级头上拉屎，所以，提拔你是最合适的。但是，你现在犯了这样的错误，想提拔也不行了。"

"你现在就得主动找主管承认错误，拉家常，表明忠心。"

张良问："我现在说着还有用吗？"

"当然有用了。"

张良决定试试。

第二天下班的时候，他走进了主管的办公室。那两个竞争对手一天都没在公司，推说有业务，估计又出去活动去了。

主管愁眉苦脸的，一看张良来了，然后两个人就进了一家酒馆。

酒过三巡之后，主管说话了："总经理要走了，已经下来通知了。"

张良一听，完了，公司的人都知道，销售部两个部门，一个是总经理管的，一个是副经理管的，两个队伍竞争非常激烈。总经理一走，意味着副经理可能就得扶正了。那他们的日子就不好过了。

张良小心翼翼地问："主任，是不是因为我上次的事情？"

主管说："算了，不说了。"

张良利用吃饭的机会，向主管要了几万的活动经费，不然等到了那个偏远地区就拿不到了，这边的那俩人还不给自己用黑招才怪呢！

张良主动跟主管套交情，拉关系，还不断暗示另外两个人的缺点，主管自然也是心知肚明。

把主管这边安排好了，张良就安心去了那个风景宜人，卖不动保健器材的偏远地区。

公司这边却闹得不可开交，两个主管都想争副经理的位置，张良主管的两个下属都在抢夺主管的位置。

张良一个意外的机会认识到了疗养院的院长，很快就卖出了几百万的保健器材。当张良凯旋的时候，写了一份述职报告。报告里首先说了主管的支持和鼓励，有了主管的安排部门才取得多好的成绩，把成绩往主管身上揽。

公司的董事局看到了张良的报告，很快决定，升张良为主管，张良的主管升职为副经理，管理张良的团队。

就这样，入行两年多的张良终于升职加薪了。而与张良同去的两个人，在经历一系列的斗争之后，愤然离去。两年多的职场历练让张良终于找到了感觉，在与上司保持协调一致的情况下，他也开始经营自己的小团队，重用自己的亲信，疏远那些自己不信任的人。

从张良的故事中，我们可以看到：职场斗争是非常残酷的，职场更像战场。甚至每个人都会是你升职的障碍。张良因为一时无意，授人以柄，自己被打入冷宫。但是，经王先生的指导，张良明白了自己的处境，很快利用机会，及时站好队，跟对了上司，结果自己的主管取得副经理的位置的同事，自己也得以加官晋爵。

人在江湖，身不由己。很多人为办公室政治头疼，职场就是这样。但是，办公室的政治也是有策略的，重要能够运用得当就能取得成为赢家。

要想在自保的同时获得提升，那就需要从以下几点考虑：

（1）保持你与上司的良好关系，跟对上司。

（2）你与上司是荣辱与共的，维护大家共同的利益，上司才是你最大的保护伞。

（3）上司倒霉的时候尽量保持距离，但是，也不能落井下石，冷庙也需要烧香，说的就是这个道理。

（4）害人之心不可有，但是，防人之心不可无。

（5）职场就是战争，是一场长期的战争。身处其中，凡事要小心翼翼。

（6）野心多大也要藏起来，不要让别人知道，要忠心，至少看起来应该是这样。

（7）保持良好的人际关系，只有这样，在你困难的时候才可能会有人拉你一把。不要自大、目空一切，不然只会招来落井下石的后果。

职场像战场，但是，比战场更刺激。如何在职场上立稳脚跟，不断升职呢？一言概之，做人要踏实忠心，有防人之心，不争功，不诿过，踏实做事，夹着尾巴做人。其中，有一个重要的捷径就是跟对上司，这样才能在众多的竞争者中脱颖而出。跟对上司，无疑是对自己职场生涯的一种投资，这种投资或许一时看不到结果，但是，他必然有个结果，跟对了上司，就自然会有一个好的结果。

## 【课堂总结】

职场像战场，但是，比战场更刺激。如何在职场上立稳脚跟，不断升职呢？一言概之，做人要踏实忠心，有防人之心，不争功，不诿过，踏实做事，夹着尾巴做人。其中，有一个重要的捷径就是跟对上司，这样才能在众多的竞争者中脱颖而出。跟对上司，无疑是对自己职场生涯的一种投资，这种投资或许一时看不到结果，但是，他必然有个结果，跟对了上司，就自然会有一个好的结果。

# 赢在起点，一开始就不要错

写下这个标题时，思绪一下子被拉到刘翔在雅典奥运会110米跨栏夺冠的那十几秒的比赛中。听解说员说，刘翔的起跑很快，为最后的夺冠创造了有利的条件.在竞技比赛中，这种分秒相争的竞争状态是最明显的，然而人生的赛场又何尝不是如此呢？

励志大师奥里森·马登告诫人们说："切记，世界上有四件事是永远不会回头的—说出口的话、离弦的箭、逝去的光阴和擦身而过的机会。"人生中，时间是最宝贵的资源，稍微的迟缓与懈怠，都会让你差人一步。而差人一步，人生际遇却存在天堂与地狱之别。因此，起点就要赢，一开始就选择正确的工作方法和态度，这样就会少走弯路。

【课堂总结】

人生的竞技和比赛无异，当我们站在新一轮职业生涯的起跑线上时，首先要静下来想一想，工作到底意味着什么？如何给自己定位？每个人的能力和精力有限，经受不起太多的折腾，因此，一开始就不要错。

# 别偏离你的最佳才能区

古语说得好："骏马能历险，犁田不如牛。坚车能载重，渡河不如舟。舍长以就短，智者难为谋。生材贵适用，慎勿多苛求。"每个人的性格都有优点和缺点，一味去弥补性格缺点的人，只能将自己变得平凡；而发挥性格优点的人，却可以使自己出类拔萃。因此，我们在选择职业时，一定不能随波逐流，只有找到并善于利用自己的最佳才能区，才可能获得成功。

在一次，在清华大学的演讲中，杨振宁教授引用爱因斯坦对自己为什么选择物理而不是数学的故事为例，告诉清华的学子们："到底选择什么专业，'要看你对哪一个领域里的美和妙有更高的判断能力和更大的喜爱'。年轻人面对选择时，要对自己的喜好与判断能力有正确的自我估价。"

爱因斯坦所说的"美和妙有更高的判断能力"的领域，就是每个人的最佳才能区。所谓最佳才能区，就是你最感兴趣、最让你着迷、最擅长、做起来最得心应手、最轻松的领域。

所要指出的是，很多时候，人们往往会将兴趣和爱好误解成自己最擅长的。其实这是一种想当然，因为相对于特长而言，每个人的兴趣要广泛得多，而有的人往往对自己的特长难以确定。有的人的特长是潜在的，难以察觉出来。这需要有一个不断挖掘的过程，也就是说每个人都要不断认识自我。

符合你兴趣和优势所在的事情，都属于你的最佳才能区。兴趣和优势，往往是可以相互转化的：做你感兴趣的事情，你会全身心地投入，长时间地以这种专注的精神状态去做事，无疑会将你感兴趣的事培养成你的特长（优势）；同理，做你擅长的事，你会得心应手，这种轻松的状态会培养出你对它的兴趣来。显而易见，一个人对所选择的事既感兴趣，又是自己最擅长的，那么这种状态是最好的，也是最容易成功的。

就像每个人都有自己的缺点一样，每一个人都有自己的最佳才能区。即使那些看起来一无是处的人，甚至残障人，在找到他们的最佳才能区后，顺应自己的才能趋势去努力，最终也能成就一番事业。

2005年春节联欢晚会上演的《千手观音》以其强烈的艺术感，震撼了全国人民的心，那些演员也成了家喻户晓的明星。作为聋哑人，她们之所以能够取得空前的成功，也就在于她们找到并顺应了自己的最佳才能区。

职业选择正确与否，直接关系到人生事业的成功与失败。如何才能选择正确的行业呢？至少应考虑以下几点：性格与行业的匹配、兴趣与行业的匹配、特长与行业的匹配、内外环境与行业的适应度。每一个人都能成功，关键在于培养自己对事物的权衡能力，找到自己的最佳才能区，挖掘最大潜能。

有人曾经问过一位作家："你怎么轻易就成了作家？"

作家回答说："在写作之前，我也进行过多种尝试。但每次尝试，都无一例外感觉胸口沉闷、头脑发胀，我就知道这些职业都不适合我。但写作却不同，写作的时候我思维敏捷、泉思如涌，一篇文章，我轻轻松松就能完成。哎，这就是适合我做的事情啦，我也发现了写作就是自己的最佳才能区。"

有这样一则故事：某天，一个盲人和一个跛子在屋里突遇大火，当时四周无人，他们无法得到任何援助。生命危在旦夕，两人决定合力突围，盲人借助跛子的眼睛，跛子借助盲人的腿，双双逃离了火海。

跛子和盲人无疑是生理存在缺陷的人，但是他们同样具有自己的优势。也正因为他们合理利用了彼此的优势，从而顺利地逃离火海，幸存下来。

## 【课堂总结】

你能做什么是上天决定的，你不能做什么也是上天决定的。对自己的能力不管是妄自菲薄，还是狂妄自大，都会使你与成功失之交臂。换而言之，做任何事情，根据自己的最佳才能去量力而行，才更容易接近成功。

# 不适合自己的，就果敢放弃

上天是公平的，它为你打开一扇窗的同时，也为你关了另一扇窗，你不可能面面俱到。

爱因斯坦是世界著名的科学家，以色列国会曾邀请他回国当总统，但被他婉言谢绝："我的性格适合当科学家，搞研究，不适合当总统，搞政治，如果一定要让我当总统，那可就总统当不好，科学研究也搞不出，因为谁也做不到又当总统又搞科研，两边都能干出成绩来。"

伟人与常人的不同之处就在于他们比常人看得远、看得深，绝不随波逐流，绝不为尘世间的一点名利轻易地改变自己，去干对别人来说也许是梦寐以求的但却不适合自己的事。

我们设想一下，如果爱因斯坦真的去当总统，结果会怎样？极有可能是以色列多了一位无足轻重的总统，而人类却少了一位伟大的科学家。伟人尚且都知道他们不是超人，何况我们平常人呢？

房地产大鳄潘石屹说过："如果说我之所以成功，是因为只开发很少的项目，而放弃很多项目，难免很多人会不同意，而这正是我成功的关键。"潘石屹凭借个人感召力，得到项目的机会决不会少，但是他理智地放弃了。因为他知道一个人的精力和能力是有限的，鱼与熊掌不可兼得。可见，对于那些什么工作都想干的人，明智地放弃胜过盲目地执着。

## 【课堂总结】

"没有金刚钻，别揽瓷器活"是民间常用语，意思是干什么事得有点自知之明，如果不自量力硬要去干，往往会费力不讨好，得不偿失，但是很多人就是过于贪婪，把自己当作无所不能的超人，什么事情都想干，不懂得选择与放弃的道理，所以，陷入多元选择中难以自拔。结果就像那只掰玉米的猴子，常常是捡了芝麻，丢了西瓜，最后与理想的工作错过，一生碌碌无为。

# 把自己当作公司一样进行职业规划

有关计划性的工作，相信大家不会陌生，特别是主管、销售员，或多或少都参与过，但是，鲜有人为自己做一下职业生涯的规划。很多人纷纷反映："制订销售计划是我的工作，我没有时间想自己的问题。"

的确如此，公司聘请我，给我支付报酬，我付出自己的劳动——一宗简单而且合理的交易。但是你可能从来没有想过，你自己其实就是一个公司，你同样需要规划和经营。

著名作家迟子建在小说中写道："我们每个人都是一个股份公司，股东可能是你的父母、爱人、朋友，而自己究竟占多少的股份可能并不是最重要的，最重要的是，你是公司的决策和经营者。"在《你，有限公司》一书中，作者也是主张像公司一样去经营自己的人生。既然是公司，你也就有必要负担起相应的责任，何况你是公司的决策和经营者。

如果我们将自己当成一家公司来经营，在选择一份职业之前，我们所做的职业规划就相当于"公司战略"。因此，生涯规划不是一叠打满字的纸，而是一个可执行的计划，是一件有关个人发展的严肃的事情。对职业生涯规划这份工作一定不要半途而废，应该有足够的耐心；对待自己也要像对待老板一样，敬业和忠诚，不能草率、敷衍了事。

从现在开始，把职业规划当作你最重要的工作，用心好好规划，你的人生不会错过精彩。

【课堂总结】

每个人都应该把自己当作公司来经营，学会做自己的老板，学会对自己负责。从现在开始，不管你正处于职业生涯的什么阶段，你要做的事，就是以公司经营者的身份对你的职业生涯做一个合理而到位的规划。

# 第二章
# 合理规划胜过盲目努力

2

　　智慧的选择比天生的才能更重要，合理的规划比盲目努力更重要。而太多的人草率地决定了自己的事业方向，他们宁愿把时间花在旅行计划上，也不愿意去规划一下自己的职业人生。有的人在职业上摇摆不定，使得单位不敢委以重任；还有的人经常换工作，使得朋友们不敢积极相助。定位不准，就好像游移的目标，让人看不清真实的面目。因此，职业定位一定要准。

# 职业选择中的自我迷失

生活中常常会被问到这样的问题："你觉得最开心的事情是什么？"其实这是一个极其普通的问题，却一时之间无法说清。不过大部分人的第一反应是："能够自由自在地做自己喜欢的事情。"是的，只有你做到了不虚假地活着，认真地在做自己，你才会发现原来这天很蓝，这云很白，这世界真的很美。但是现实中，有多少人在做真正的自我呢？有一位在美国的中国留学生写给国内朋友一封信，内容是这样的：

很小的时候，我的目标就是长大，长大了做什么，我当时没有想过；读小学的时候，父母给我的目标就是考初中，考上初中做什么，我没有想过；读初中的时候，父母给我的目标就是考高中，考上高中做什么，我没有想过；读高中的时候，父母给我的目标就是考大学，考上大学做什么，我没有想过；上大学的时候，父母给我的目标就是出国，出国做什么，我也没有想过。

现在留学拿到了学位，要找工作了，下一步我该做些什么呢？这次，我要好好地想一想。我一个人在暗夜里冥思苦想，幡然醒悟：原来这么多年来之所以总是觉得力不从心，是因为我一直是为父母而活，因此，我要唤醒埋藏了25年的进取心，改变我25年来被动的生活方式。从今天开始，我要积极主动地为自己而生活！

当这位中国留学生终于理解他"有选择的权利"并为此欢欣鼓舞的时候，我们依然在被动的道路上迷茫地生活着，无法自知。很多的时候，我们的人生轨道常常是父母给安排好了的：上什么样的初中、高中、大学，选择什么样的专业，找什么样的工作，甚至我们的结婚对象，他们都要全权代劳。

自我迷失，似乎有着太多的外在原因，但是通常情况下，我们是主观去选择自己的工作的。很多的人，对于职业定位，从来不听从自己内心真实的声音，不敢做本色的工作，而是去盲从别人，扮演自以为光鲜的职业角色。

越来越多的人在商品经济的冲击下失去了自我，自我的概念已从"我是我所有"转变为"我是你所需"。比如所学的专业将来是否有好的回报，求职报酬是否高，做的生意是否能赚到更多的钱。人关心自己，仅是关心自己是否能在市场上获得最令人满意的价格，自己是否能在商品社会换到优越的物质享受。

我们逐渐地迷失在这个社会中，丧失了个性，丧失了自由的意志，丧失了属于自己的真正的快乐。就像意大利剧作家皮兰·得娄说的："我没有身份，根本没有我自己，我不过是他人希望我是什么的一种反映，我是'如同你所希望的'。"

我们像一个酱菜缸里泡出的泡菜，全都一个味，我们丧失了自己。如果你已经丧失了个性，丧失了自由的意志，丧失了属于自己的真正的快乐，那么，你还有什么证据来证明你就是你自己呢？

个性是证明我们自身存在的唯一特性。实际上，越是勇敢、坚强、有智慧的人，便越能在社会中保持自己的个性、思想，不容易为他人、为社会所利用、左右。每一个人都体现着人性，虽然我们在智力、健康、才能各方面有所不同，但我们都是人。人只有实现自己的个性，永远不盲从地追求与别人的统一，才能真正实现你的价值。

健全的人应该只听从于自己，听从于自己的个性、理性和良心。

【课堂总结】

在人生太多的职业角色中，不管你想要扮演什么样的角色，要想发挥自己淋漓尽致的演技，让观众记住你，你必须找到最适合你气质和性格的角色，做本色的表演。

# 职业称职度自测自评

好的职业不一定是"高薪、高职和高位"，解决温饱只是人生基本的需要，做自己喜欢的事情，喜欢自己做的事情，才是人生更高层次的追求和享受。当职业与一个人的兴趣、爱好、气质、性格和专业能力相吻合时，才能从内心体验到真正的成就感。以下这些问题，可以测试出你对工作的称职度：

你在工作时，是不是老板在时一个样，老板不在时又是另一个样？

你是否经常一天接着一天无事可干？

你是否常将两个小时内可以完成的工作用一天来做？

你是否一直在做表面的、杂务性的工作？

你是否觉得许多同龄人或相同资历的人的工作内容比你丰富，取得的成绩比你大得多？

你是否觉得工作毫无快乐可言，对自己简直就是一种折磨？

你是否觉得你的工作特别的累，而实际上你的工作量却相当的小？

你是否急于摆脱工作的状态，即使完成了工作，也毫无成就感可言？

你是否与同事关系紧张？

……

如果这些问题的答案大部分是"是"，就暗示了你的工作含金量正在下降，你已经无法轻松自如地驾驭这份工作了，你需要引起警觉，考虑新的职业发展规划。

## 【课堂总结】

工作出现"七年之痒"并不可怕，可怕的是对其"痒"视若无睹，选择逃避的态度。如果这份工作从一开始就是一个错误，就要勇敢放弃，去另寻找真正适合自己的那片天地。

# 规划长、中、远的职业目标

每个人的职业发展大体分为四个阶段：探索阶段、确立阶段、维持阶段、下降阶段。

根据职业生涯长短、经验、阅历的不同，各个阶段的职业侧重点也应有所不同。譬如说，探索阶段，我们就应该侧重于学习专业知识、为人处世之道，积累工作经验和各种资源，并多做些尝试、探索，在工作中摸索出自己的职业倾向、职业锚、职业兴趣等，逐步找到最适合自己的职业。再譬如确立阶段，这个时候就不应该做过多的尝试，而是应该认真分析自己的职业锚、职业倾向，选择有优势的职业做长远的打算，重点是整合自己的各种资源，谋求事业和收入更上一层楼。

各个阶段的区分，还必须考虑到年龄因素，年龄阶段的划分还应该针对不同的职业加以区分，例如在中国，作为职业足球运动员，30岁已经该退休了，而作为教授，30岁差不多是最年轻的。

规划从来不是写在纸上的空话，而应该是可以执行的计划。人的一生看似漫长，其实弹指一挥间，仔细算来，时间是很有限的—三分之一的时间在休息，学习和其他时间占去了三分之一，真正可利用的时间不到三分之一。如果一个人可以活 80 岁的话，那么他花在工作和事业上的时间，也就将近三十年而已。

将来会是什么样子，我们虽然暂时看不到，但是你可以预见，通过事先的规划一步步勾勒出来。做规划的好处，除了上面所讲的若干益处之外，最根本的就是能有效地利用时间，让你的一生无憾。

职业生涯规划，应从一生的发展写起，然后分别定出十年、五年、三年、一年的计划，以及定出一月、一周、一日的计划。

(1) 定出未来发展目标。你想干什么？想成为什么样的人？想取得什么样的成就？想成为哪一专业的佼佼者？把这些问题确定之后，你的人生目标也就确定了。

(2) 定出十年的大计。二十年计划太长，容易令人泄气，十年正合适，而且十年工夫足够成就一件大事。今后十年，你希望自己成为什么样子？有什么样的事业？将有多少收入？要过上什么样的生活？你的家庭与健康水平如何？把它们仔细地想清楚，一条一条地计划好，记录在案。

(3) 定出五年计划。定出五年计划的目的，是将十年大计分阶段实施。并将计划进一步具体、详细，将目标进一步分解。

(4) 定出三年计划。俗话说，五年计划看头三年，因此，你的三年计划，要比五年计划更具体、更详细。

(5) 定出明年计划。定出明年的计划以及实现计划的步骤、方法与时间表，务必具体，切实可行。如果从现在开始制定目标，则应单独定出今年的计划。

(6) 下月计划。下月计划应包括下月计划做的工作，应完成的任务、质和量方面的要求，财务上收支，计划学习的新知识和有关信息，计划结识的新朋友，等等。

(7) 下周计划。计划的内容与上述第 (6) 相同。重点在于具体、详细、数字化，切实可行。而且每周末提前计划好下周的计划。

(8) 明日计划。取最重要的三件至五件事，按事情轻重缓急，按先后顺序排好队，按计划去做。

【课堂总结】

职业定位不准确，就像浮萍，随波逐流，像没有雷达的轮船，迷失于茫茫大海。检视一下你的职业定位，及时调整，以转入正确的轨道上来。

# 重新选择，一样可以成功

几年前，媒体上有则消息：四川省副省长李某主动辞去职务，回到阔别 19 年的母校—西南财经大学任教授。一时间一些人颇为不解，一个人正值盛年、事业正旺的时候，为何放下高官不做，而去大学当个普通教师？对此，李某回答说："回到我所熟悉的书房、课堂，再干我终生喜爱的写作和教授的本行，真令人惬意。"

在李某看来，副省长尽管是个不错的甚至是令许多人钦羡的职位，但对于他自己来说，还是不如做一名教授更有利于自己能力的发挥，让自己"惬意"。这种选择适合自己的职业，而不迷恋于高职位、高待遇者还不少，著名相声演员牛群从牛县的副县长退下来，选择重回他的相声圈，这其中恐怕也有这层原因吧。

李某和牛群的重新选择，固然跟自己的兴趣有关，但是同时也体现着他们的职业观和价值观，在他们看来，一个人价值的实现，并不一定看他有多高的职位、多大的官衔，是否从事热门的、有"面子"的职业，而重要的是看这个职业能否实现自身的价值。只要是有利于实现自身价值，同时又是自己熟悉的、喜欢的职业，应该说就是最适合自己的职业，至于别人怎么看，并不重要。当然，这其中也有他们个人内心的挣扎与权衡，但他们最终选择了忠于自己的价值观，勇敢做出新的抉择。

锲而不舍、坚持不懈，一直是我们传统文化所倡导的精神理念，这一点并没有错，也正因为这一点，很多人咬着牙、忍着气坚持着。但是在有些时候，明智的放弃，却胜过盲目的执着。

认识自己需要一个过程，一旦发现自己的职业选错了，应及早纠正，千万不要一味地"坚持"。虽然有些人选错了职业，也能取得一定的成就，但是事倍功半，不应提倡。一般来说，28～45岁左右，是努力展现自己的才能，大展宏图、建功立业的阶段。但不可忽视的是，这个时期也是人生目标的调整阶段。认真检查自己所选择的职业生涯路线、所确定的人生目标是否符合现实，如有出入或偏差，应尽快调整。30多岁调换工作，更换单位，还较容易，从头做起，也来得及，等到45岁后再更弦改辙就难了。

## 【课堂总结】

我们都是凡夫俗子，都有可能走错路，或者偏离正确的轨道。这都不要紧，重要的是内心的觉醒，觉醒胜过盲目的执着。鲜有人第一次选择就正中靶心，总有偏差，必须通过一次次的实践进行修正，在尝试中找到自己真正想要的东西。择业如坐车，如果在半途你发现搭错了车，千万别迟疑，果敢下车永远不晚。

# 大胆改变，用行动战胜恐惧

方向错了，就永远无法抵达成功的彼岸，这个道理每个人都懂。但是真正面对现实时，改变却变得举步维艰了。

记得有这样一个寓言故事：

有个人走在乡间路上，经过一户人家，看到一条狗极其难受地蹲在一根横木上，并不时地发出嗷嗷的叫声。于是，他走近农夫问道："那狗怎么了？"

农夫说："因为它坐在一根钉子上。"

他接着问："那它为什么不站起来？"

农夫说："因为它还没坐够！"

"我真希望能找份自己喜欢的工作，哪怕钱少点，但这样我会很快乐，遗憾的是，我不能辞职，因为我承受不起亲戚给我的压力……"

"我现在的工作真的很累，很累，爱我的人和我爱的人，他们不会知道我现在的生活会如此的痛苦。"

……

　　生活中我常常听到这样的叹息，但是，他们常常只是倾诉和抱怨而已，却从来没有真正改变过现状。如果受不了自己的工作，却只是坐以待毙，自怨自艾，那跟坐在钉子上的狗又有什么两样？有很多的人像故事中的狗一样，迷迷糊糊地走到半路发觉走错了，但就是没有勇气及时回头，他们坚信"意志"和"努力"，无论做什么职业，他们都秉承"坚持就是胜利"的哲学。

　　在职业生涯中，造成择业失误是很正常的。但是有很多的人，明知道错了，却缺乏改变的勇气。因为惯性作用，他们已经习惯于原来的工作环境，改变对他们来说是一种痛苦。

　　工作是属于你的人生挑战。你的雇主决定不了你是否能生活得快乐，是否能取得事业的成功，你大可不必为了所谓工作的稳定性，而固守着一份你不喜欢的工作。这是一个多元化的时代，适合的机会比比皆是。再也不必因为曾经被退学、曾经下岗或者曾经失败过，而不得不放弃未来成功的机会，勉强去做那些对自己毫无意义的工作。如果你的工作不能给你带来快乐和实现自身的最大的价值，那么即使你的老板对你说"不干走人"，你也不用为了保住饭碗而一再隐忍，委屈自己留下。

　　当一个人知道自己已经走错方向时，如果还要继续，最后会得到什么结果呢？一定不是他所要的，这是毋庸置疑的。达尔文当年决定放弃行医时，曾遭到父亲的斥责："你放着正经事不干，整天只知道打猎、捉狗、抓耗子。"然而，达尔文却坚持做自己最喜欢的事，最后，终于出版了影响深远的《物种起源》一书。

## 【课堂总结】

成功的职业生涯需要不断地调整职业定位，但是在调整之前，我们必须搞清楚是什么使你在职场中受挫？又是什么使你的职业定位产生了偏差？只有讲求实际、合理准确地评估自己，并不断地加以调整，才能合理定位职业方向，才能每天朝着这个方向努力前进。

# 个人品牌是职场的一面旗帜

良好的个人品牌是职场人士游刃职场的一面旗帜，是职场生存之道的重要法则之一，是职场生存的重要内容。美国管理学者华德士提出："21世纪的工作生存法则就是建立个人品牌。"他认为，不仅仅是企业、产品需要建立自己的品牌，身处职场的个人，也应该有一个良好的个人品牌。无疑，良好的个人品牌就是一个人立足于职场的一面旗帜，是一个人在职场安身立命、事业有成的基础和源泉。

或许很多人都觉得，做人和工作是不相干的，完全是两回事，这种观点无疑是错误的，这种观点的潜台词是：一个人的品质不佳对他在职场上的成功没有什么影响。当然，这是一种非常糟糕和错误的认识。一个优秀的员工，首先他必然是一个有着良好品格的人，如果一个人在做人上都非常失败，很难想象他能在职场中获得成功。

张涛大学刚毕业就以优秀的成绩考入了一家政府企业单位。刚进单位的时候，大家对他的印象还都不错，待人接物彬彬有礼，不管是同事还是科长，对他都抱有很大的希望。

科里的人一起聚餐，一起郊游，气氛还算融洽。但是，不久之后，这名优秀的大学生发现，自己在单位里是非常优秀的，慢慢变得傲慢起来。

对同事由最初的客气变成了颐指气使，对科长的尊敬变成了不屑一顾。大家对他很快都有意见了，一份计划书，尽快张涛做得不错，但是，在集体讨论的时候，不仅仅是同事鸡蛋里挑骨头，甚至连科长都严肃地批评了张涛的计划书，指出了很多细节问题。

而张涛不自我警醒，反而更以一种怀才不遇的心态，对所有人的意见都极力反驳，见了同事也是横眉冷对。大家对张涛变得越来越冷漠，他几乎成了科里可有可无的人，一起聚餐、郊游也不再喊他了。他在同事中的形象一落千丈，再也没有了同事的帮助和支持。张涛也感到做事越来越不顺，压力越来越大，终于有一天，他跟科长因为计划书大吵了起来，一气之下，离开了单位。

为什么张涛的职场之路走得如此艰辛？因为他没有树立的自己的品牌，他的盲目自大，他的目空一切，成了他成功的绊脚石，成了他职场生存的障碍。

一个人的品牌，包括：良好的心态、优秀的品质、不折不挠的意志、顽强的拼搏精神、良好的工作能力和人际关系等等。尤其是一个人的品德，品德低下的员工，不管有多大的能力，也很难得到同事和上级的认可，更不会得到上级信任与重用。有才无德的人，对任何一个企业来说都是一种不稳定的因素，阻碍了企业的发展，而这类人，自然不会在职场受到重用，更不要说有所建树了。所以，个人品德作为职场生存的一个重要因素，无疑是值得我们深思的。

比如，三国时期的魏延就是一个典型的例子。

魏延有万夫不当之勇，在蜀中可以说是佼佼者；智谋上，丝毫不逊于姜维等人，就其提出的走子午谷直取魏都城的想法，更为后世的军事家、史学家所推崇。但是，纵观魏延一生，始终没有得到重用，领兵打仗处处受掣肘，时时被诸葛亮控制于股掌间。这是为什么呢？原因就是魏延虽然才能高超，但是人品低下，很难让人放心任用，虽有能力，但品德不行，最终无所建树。

职场也是一样，职场中"魏延"的悲剧更是数不胜数。这就是个人品牌对一个人职场生存的重要作用，一个人只有拥有了良好的个人品牌，得道多助，才能有所建树。同样是三国中，我们可以看看刘备，论智谋，他不如曹操；论家业，不及孙权；论武，他不及关、张，不及吕布，却为什么三分天下有其一呢？

这是一个值得很多职场人士思考的问题。这就是刘备的个人品牌的影响力，人称"刘皇叔"打着皇帝叔叔的旗号，打仗还带着一群难民，这样的人能不受到拥戴吗？政治资本加上仁者风范的大旗，虽然他潦倒半生，最终却有所建树，不得不承认个人品牌的影响力，不得不承认个人品牌是一个人在职场安身立命的根本。

曾任微软副总裁、Google 中国区总裁的李开复说："我把人品排在人才所有素质的第一，超过了智慧、创新、情商等，我认为一个人的人品如果有了问题，这个人就不值得一个公司去考虑雇用他。"

就像生产者都希望自己的产品是著名的品牌一样，职场人士更应该有自己的个人品牌意识。个人品牌是以品德、能力、人缘等因素组成的，在个人工作中显示出的独特价值的个人影响力。它就像企业品牌、产品品牌一样，要有知名度，更要有忠诚度。

树立良好的个人品牌，对一个职场人来说，除了需要有超强的个人能力外，更需要有高尚的人品，只有在不断提高自身能力的同时，注重培养自己的人品，树立自己的个人品牌，你的职场拼搏才会更精彩，你才能在职场立于不败之地，最终有所建树。

## 【课堂总结】

每一位职场人士都应该在职场中树立自己的个人品牌，只有拥有了良好的个人品牌，才能在职场中安身立命，才能体现自己的价值，最终有所建树。个人品牌是职场生存的一面旗帜，是体现职场人士独特价值的重要内容，是在职场安身立命的根本！

# 别轻易做"跳蚤"

在职场上，有人天生是"不安分因子"，几年来像跳蚤一样跳来跳去。有的人却像"惰性气体"，几年来不挪窝，即使跳，跨度也不大。通常情况下，后者的职业发展却胜过前者。

"跳槽"是一门学问，也是一种策略。"人往高处走"，这固然没有错。但是说来轻巧的一句话，却包含了为什么"走"、怎么"走"、什么时候"走"，以及"走"了以后怎么办等一系列问题。

"滚石不生苔"，其实跳槽和转行，都是大家所不主张的。除非是有非常的理由，譬如说选错了行业，或者公司环境让自己没有一点发展前途等等。一般而言，频繁的跳槽有害无益。有些人一年要换好几种工作，将跳槽当成了逃避一切问题的手段：工作不顺利，跳槽；关系不和睦，跳槽；工资不理想，跳槽……一点小挫折就跳槽，这是愚蠢的做法。

"职场跳蚤"之所以不受企业欢迎，还因为工作能力的培养，都要经过一个相当长的时间才能真正掌握，如果经常跳槽转行，往往容易成为万金油，即什么都会一点，但什么都不精通、不专业，只好一直做不需要精通的初级工作。

频繁跳槽更重要的是对自己的发展不利，职场专家发现，一个人如果想要在某个领域干出一番成绩或者成为专家，就必须锁定自己的注意力，用上所有的资源和精力去经营，坚持的时间必须是五年左右。而频繁跳槽者，无法专注于固定的领域，难以有所建树。况且从跳槽与不跳槽的成本来分析，跳槽者的成本明显偏高。

我们不妨来算一下经济成本账和机会成本账。

"不挪窝者"：每月"三金"由单位承担，每年平均薪资调幅约10%，熬上几年有望升职加薪，退休后每月还可领退休前薪资的80%。

频繁跳槽者：平均每年换五次工作，每次均加薪15%，但那都是在被录用为正式员工的条件下，必须先从最低位置干起，试用期只能领一点可怜的基本生活费，"三金"自理。当然这还是在比较理想的情况下，还有很多时候会由于不断更换环境而需要更大的花费，比如重新添置工作服、重新求租离新公司更近的房子、重新"贿赂"新同事以搞好关系等等。还有一点很重要的是，如果你永远是个"新人"，年终奖金肯定比别人低很多。

"不挪窝者"：在同一个岗位上做久了，经验积累多了，就成了"元老"，熬上几年一般可以升职，且同事之间日久生"情"，彼此互相照顾，老板对老员工也总是颇为倚重，工作时心情愉快。

频繁跳槽者：每一次跳槽一般都得从第一线做起，没有耐心等到升迁时就自动"出局"，对个人经验的积累并无帮助，且给人不安分的感觉，下一次跳槽也许就很难找到理想的工作。另外，由于不断更换工作，每一次都得重新打开关系网，很难拥有同事兼朋友的珍贵情谊，也难以得到老板的信任。更重要的是，当韶华在跳来跳去间流失时，如何面对"35岁现象"？

从经济和机会成本分析，"不挪窝者"显然比跳槽者强。但这并不是说跳槽的人必定失败，天底下没有这么绝对的事，而事实上，跳槽后更发达的人也不少。但话说回来，跳槽后成就不如老本行的人也有很多，这些人有的还信心满满地期待"明天会更好"。因此，切不可让跳槽成为自己的一种习惯，即使跳槽，也一定要三思而后行。

【课堂总结】

跳槽是为了选择更适合的舞台，这一点是可以理解的，但如果一个人频繁地跳槽，那么这个人的诚信度和工作能力就会大打折扣。

# 珍惜你的职场信誉

俗话说"人往高处走，水往低处流"。在这个物欲横流的时代，越来越多的理由让职业人士频频跳槽，而且动辄连泥带根地拉走原公司的人马，或者怀揣原公司的"重大技术机密"投奔新主而去。他们丧失了自己的职场信誉，仅仅是为了更好的待遇、为了更高的职位、为了实现自己远大的"理想。"越来越多的职场人士的诚信危机已经成为社会普遍关注和亟待解决的问题。

李明是一家食品公司的业务部经理，由于家庭原因，他不得不从这家公司辞职，准备在天津定居。而天津一家食品公司，得知了这一情况，急着从对手手中将这一员大将挖来，很快向他发出了邀请，并且以其原来薪金的数倍作为薪酬，但是有一个非常苛刻的条件——让他带走他在原单位的得力下属及大客户。李明毫不犹豫地拒绝了，他知道这样会使自己陷于不义之中。原来公司的老总知道这件事后，并没有以升职、加薪的承诺挽留他，而是对他说："今后，无论你去哪里，我都会为你写一封推荐信。"这件事情很快在业内传开了，李明自然赢得了大家的一致称赞，邀请他加入的公司也越来越多。这些公司的老总一致认为，李明的职场信誉让他们觉得不能放过这样优秀的人才。

从李明的例子中我们可以看到，职场信誉是无价之宝，任何时候，任何条件下，也是不能丢弃的。这是职场生存的必要条件，没有了职场信誉，任何一位职场人士的职场之路都不会走得顺利，相反会引来更多的猜忌和防范，制约的因素会更多，职场之路可以说是完全堵死了。

身处这个变革的时代，各种欲望无时无刻不在鼓动着我们。尽管跳槽之路总带有些许新鲜，但是，跳槽却付出了太多的时间和精力，不断上路，不断从终点又回到起点，一切成绩不断归零。跳槽固然是一个人实现自我价值的手段，但是，频繁的跳槽却成了很多人为达目的不顾一切的疯狂行动。

对于任何一位职场人士来说，既然选择了一个职位，就应当对这个职位负责，信守对公司的承诺。信守承诺，这是一条永恒不变的道德法则。职场也是如此，一个人的职场信誉，对其将来的发展有巨大的影响。所以，对任何一位职场人士来说，对你的上司、同事、顾客信守承诺，是你在职场上取得成功的关键因素之一。

古语云：人无信不立。说的就是人如果没有信用就无法立于世。孔子也说：人而无信，不知其可。所以说，讲信用，当是一个人立身，立业，立功的根本。

在《庄子》里，有尾生抱柱的故事。一个叫尾生的书生，和一位女生约定在桥下相会。但是，到了约定的时间，那位散漫的女生还没有来。正好傍晚涨潮，尾生不愿负约，只好抱桥柱被淹死。

或许，以现在人的角度来看，尾生是一个呆板、迂腐的人，但他讲求信用的诚心，无疑受到了世人的肯定。所以说，遵守诚信确是一个人立身之基，一个不守诚信的人，是无法得到别人的尊敬和信任的。对任何一位职场人士来说，只有时刻提醒自己讲求信用，遵守诺言，才不至于滑入人生的泥淖之中。

有这样一位职场人士，他本身工作能力还不错，但是，他的虚荣心极强，一般大学的本科学历让他觉得很没面子。他居然为了这种虚荣心，在校园附近花200元买了个"北京大学"的假文凭，并且凭借那张假文凭混进了一家大公司，四处吹嘘他是北大学子。但是，没过多久，公司内北京大学毕业生聚会，让该君像白蛇娘子喝了"雄黄酒"一现原形了。该君自然尴尬不堪，不得不狼狈地在北大学子的暧昧眼光中离开了该公司。就像那句话说的："莫伸手，伸手必被捉。"其实，该君完全没有必要因为一张普通的本科文凭而自卑，更不应该为了自己的虚荣心而丧志自己的诚信，这无疑会对他以后的职场之路造成不可估量的负面影响。

林肯说："一个人有可能在某一个时刻欺骗某一个人或者所有的人，但绝不可能在所有时候欺骗所有的人。"信不仅仅是社会的基本要求、公司的根本宗旨，也是"立人之本。"而那些热衷于投机取巧，瞒天过海的人，往往是自食其果，身败名裂。

信守对公司的承诺，保持忠诚之心，保守公司的秘密，这是每一位职场人士都应该做到的，珍惜自己的职场信誉，这是你赢得老板信任和重要职位的关键因素。所以千万要记住，绝对别做对不起公司的事情，珍惜自己的职场信誉。

## 【课堂总结】

人无信不立，做人是这样，做事也是这样。对任何一位职场人士来说，较高的职业信誉度是你职场上的通行证。信守对公司的承诺，保持忠诚之心，保守公司的秘密，这是每一位职场人士都应该做到的，珍惜自己的职场信誉，这是你赢得老板信任和重要职位的关键因素。所以千万要记住，绝对别做对不起公司的事情，珍惜自己的职场信誉。

# 第三章

## 任何问题都有一个最好的解决办法

### ——付诸行动

好工作何来？对于如何获得好工作，行动之前难免都会顾虑重重，但是方法总比问题多，而最好的办法无疑是赶快付诸行动。

# 借助你的人际关系网

据统计，绝大多数的工作机会并非通过报纸、媒体的招聘信息以及人才市场获得的，而是通过人际关系网找到的。如果你留心调查一下，你会发现身边的很多朋友和同事都是通过这种方式找到工作的。

而很多人之所以认为工作难找，是因为他们忽视了借用人际关系的力量。

世界高科技公司屈指可数的女总裁西蒙说过："你要问我，人际关系对于找工作有多重要，我将这个重要性评为五星级。"她建议说："年轻人在找工作时，必须到处打听，让大家都知道你在找工作，通过关系引荐而找到工作的人实在是不计其数！很多空缺的岗位并没有公开。这些不难理解……"

一项权威的统计，证实了西蒙的观点。据统计，65%～90%的工作机会是通过人际关系网络找到的。人际沟通可以帮助你在显现的以及隐蔽的人才市场上找到合适的工作机会。

人际关系网络可以为求职者带来很多好处，这些好处主要体现在四个方面：

第一，通过这种方式找到工作的人，普遍更满意他们的工作，并且拥有更高的工资。如果按照传统途径找工作，求职者就只能在两个极端寻找工作机会。因为传统招聘形式提供的是那些低工资、无技术要求或是高工资、高技术要求的工作职位，而通过人际关系寻找工作则避开了这两个极端。

第二，降低了被欺诈的概率。传统招聘形式可能存在欺诈，很多工作是不存在的，或是在广告没有登出前职位就已经满额了，还有的只是招聘公司的一种另类的广告形式。

第三，规避了大材小用的风险。传统招聘登出的广告所列明的要求，往往明显地高于其工作职位的实际要求。当人们以其要求应聘时，往往导致大材小用的现象发生。

第四，可能会缩短试用期，更可能得到公司的重用。招聘方之所以录用你，一方面是出于对你能力的认可，另一方面，可能就出于对介绍人的认可。他们相信"物以类聚，人以群分"的道理，他们在认同介绍人的同时，也就会认同他推荐的人。有了这种认可和信任，招聘方就可能会缩短你的试用期，给予你更多的表现机会。

总有一些人认为，靠自己找到工作，才能显示出自己的能耐来，认为利用人际关系找工作似乎不太光彩，因而即使找不到工作也不屑利用人际关系。其实这种观念有失偏颇，因为个人的能力毕竟是有限的，任何时候都要懂得利用别人的力量。因此，任何时候，我们都不能小觑了人际关系的作用。

## 【课堂总结】

在这样一个越来越讲究合作的时代，没有人可以离群索居，每个人都存在于一定的圈子中，这个圈子就是自己的人际关系网。关系网找工作，有的时候并不需要太费心，只需留心一点就行，甚至带有某种戏剧性。

# 好简历：赢得机会的开路先锋

现在很多的公司都避开见面，而是要求先看简历，通过简历来决定是否给予求职者面试的机会，由此可见简历对赢得工作机会的重要性。简历的好坏，决定了你是否有面试机会，因此，好的简历是赢得工作的开路先锋。下面是打磨一份好简历需要注意的几个方面：

### 1. 语言要言简意赅

好的简历，言简意赅，语言清晰，逻辑性强。有些简历写得拖沓，人家看了好几页，却不知所云。这样的简历，淡化了招聘方对主要内容的印象，不但让人觉得你在浪费他的时间，还可能得出你做事不干练的结论。另外招聘人员时间宝贵，不可能花很多时间在你冗长的简历上，拖沓的简历只会增加他的反感。所以，简历要尽可能简明扼要，多用短句，每段只表达一个意思。最好一张纸明确写清楚三个方面的问题就行了：一是为什么申请这份工作；二是为什么说你适合这份工作；三是未来你怎样为公司作贡献。

### 2. 用词准确，不要滥用

有些简历，一开头就写得"火辣辣"的，对公司如何仰慕，如何关注该公司，有的则高喊口号表决心，譬如"给我一个支点，我将撬起地球""给我一个机会，我会还你一个惊喜"……这样煽情的话，就像谈恋爱时第一次见面就冲上来做肉麻的表白，结果只会适得其反。因此，在简历中，溢美之词一定要用到"坎儿"上，大话、空话不能有。

### 3. 强调成功经验和专业技能

调查显示，很多的招聘经理在第一轮筛选简历时，最注意的往往是那些有专业技能和成功经验的人。因此，在简历中，你要重点强调你以前的成就和相关技能。回顾以往取得的成绩，对自己从中获得的体会与经验加以总结、归纳。你也可以附加一些成绩与经历的叙述，但必须牢记，经历本身不具说服力，关键是经历中体现出的能力。短短一份"成就纪录"，远胜于长长的"工作经验"。

### 4. 内容应重点突出

由于时间的关系，招聘人员可能只会花短短几秒钟的时间来审阅你的简历，因此你的简历一定要重点突出。求职者应根据企业和职位的要求，巧妙突出自己的优势，给人留下鲜明深刻的印象，但注意不能简单重复，这方面是整份简历的点睛之笔，也是最能表现个性的地方。应当深思熟虑，不落俗套，写得精彩，有说服力，而又合乎情理。

### 5. 简历设计要有针对性

一般而言，对于不同的企业、不同的职位有不同的要求，求职者应当事先进行必要的分析，"量体裁衣"特制一份简历，以表明你对用人单位的重视和热爱。

## 6. 突出自己的与众不同

一家企业经常会收到雪片一样多的简历，如果你的简历没有个性，是很难脱颖而出的。有些简历，强调自己涉猎广泛，兴趣多多，无所不通，但效果并不好，因为几乎所有的人都在这样做。相反，有的人只写他成长过程中的一个故事或一段经历，隐含了他与众不同的性格和才能，招聘者感到好奇，就留给他一个面试的机会。

## 7. 传递有效信息

写简历的过程中，你应该向用人单位传递一些有效的信息，这些信息包括：表达自己明确的奋斗目标、体现自己强烈的工作意愿和团队协作精神、表达出你的诚恳。

## 【课堂总结】

写好一份简历是求职的关键，对于公司方面来说，在没有看到人的情况下，简历实际上就是第一刷选关。事实上，很多人都知道简历的重要性，却一而再，再而三的犯一些低级错误，几十份简历还收不到一份面试通知。一份格式完美、内容翔实、重点突出的简历明显的，会得到更多的面试机会。

# 面试时，这样说话最有效

如果说外部形象是面试的第一张名片，那么语言就是第二张名片，它客观反映了一个人的文化素质和内涵修养。求职者在面对考官的时候，该如何介绍自己呢？该如何回答考官的一系列提问呢？其实关键不在于你敢不敢说，而是在于怎样说才最有效果。下面是让你的面谈发挥效用应该注意的几个方面：

## 1. 有明确的职业规划

面试中，经常会遇到主考官提出这样几个问题：你如何看待这个职位？怎么理解工作内容？你的职业目标是什么？对于这些问题的回答，求职者必须胸有成竹。这表明你是一个有明确职业规划的人，这种应聘者是最受企业欢迎的。切忌"你看我适合干什么"或者"这几个职位我都可胜任"这样的回答。你可以用询问公司的培训制度、晋升制度、员工规则等，来代替直接询问"薪酬福利""是否加班"这些略带功利性的问题，以显示自己的长远眼光。

考官提问说："我想请你担任某个业绩差的部门的主管，

在你之前已有五位主管离任了。请问你该如何做？"应聘者们大多滔滔不绝地讲述了自己的营销方式和管理经验，只有一位回答说："我会和前五位主管沟通，将他们的经验和教训一一总结。"

如今的面试问题已不再局限于工作内容的阐述和专业性问答，特别是针对高层领导的面试，更多的是考核求职者的智慧和应变能力，这时一个充满智慧的回答往往能让你脱颖而出。

### 2. 充分展示自我，并表达对工作的强烈渴望

一个普通的女大学生应聘教师职务，校长问她为什么当教师？她回答说："小时候我曾有过一个梦想，那就是我要成为一个伟人，后来这个梦想没有实现。于是我又有了一个新的梦想，就是我要成为伟人的妻子，然而这个梦想也破灭了。现在，我产生了第三个梦想，那就是我要做伟人的教师。"她当即被录取了。

面试时，在向用人单位自我推销的同时，不要隐藏自己对这份工作的极大热忱和兴趣。在面试中，适当流露出自己对用人单位的赞赏也是十分必要的，有时还可以就该单位业务方面谈谈自己的看法。

### 3. 有礼貌地告辞，并及时表达谢意

在临近面试结束时，仍应彬彬有礼地说出自己的直接感受，强调对这次面试机会和主持人的感谢，并有礼貌地告辞。

如："今天能有这个机会向您当面请教，我很感激。""非常感谢这次谈话，但愿不久的将来能被录用，为贵公司服务。"回家之后，可马上写一封短信给面试主持人，表达同样的感谢之意，以加深他的印象。

### 4. 面谈要不卑不亢

说话要不卑不亢，给人谦虚、诚恳、自然、亲和、自信之感，切不可言过其实、自卑、自负、哀求或过度恭维。"我从原单位辞职，决定破釜沉舟，干一番大事业"，这样自负的话会吓到面试官；"我父母下岗，家里全靠我支撑，请给我一次机会"，这样哀求的话也不可取，因为企业挑选人是为了创造价值而不是施舍，过分谦虚自卑，会给人没有主张、懦弱胆怯的印象。

当然，语言能力不是一蹴而就的，平时要注意积累，不断培养自己的倾听能力、思维能力、记忆能力和联想能力。

### 【课堂总结】

有人是这样形容面试的："这是一个两分钟的世界，你只有一分钟展示给人们你是谁，另一分钟让他们喜欢你。"因此，我们要把面试当作一件极其重要的事情，把能考虑到的各种情况都加上，不要奢望着下一次，要把这第一次当作唯一。不打无准备的仗，只有对自己进行全方位的包装，才能征服主考官，赢得好工作。

# 注重小节的人机会多

美国福特公司名扬天下，不仅使美国汽车产业在世界占据鳌头，而且改变了整个美国的国民经济状况，谁又能想到该奇迹的创造者福特当初进入公司的敲门砖竟是"捡废纸"这个简单的动作！那时候福特刚从大学毕业，他到一家汽车公司应聘，一同应聘的几个人学历都比他高，在其他人面试时，福特感到没有希望了。当他敲门走进董事长办公室时，发现门口地上有一张纸，于是他很自然地弯腰把它捡了起来，看了看，原来是一张废纸，就顺手把它扔进了垃圾篓。

董事长把这一切都看在眼里。福特刚说了一句"我是来应聘的福特"，董事长就发出了邀请："很好，很好，福特先生，你已经被我们录用了。"

这个让福特感到惊异的决定，实际上源于他那个不经意的动作。从此以后，福特开始了他的辉煌之路，直到把公司改名，让福特汽车闻名全世界。

无独有偶，某学校招聘教师，想通过试讲从几名应聘者中选出一名，几位应试者都做了精心的准备。

铃声响了，一个个试讲者微笑着走上讲台。师生互相致意后,开始讲课。导入新课、讲授正文、总结概括、复习巩固……各项工作进行得还算顺利。为了避免满堂灌,有一个试讲者也效法前面几位试讲者的做法,设计了几次并不高明的课堂提问,但效果一般。下课时,比较自己与前几名试讲者的效果,这名试讲者估计自己会输。

谁知,第二天他即接到被录取的通知。惊喜之余,他问校长为什么选中了他。"说实话,论那节课的精彩程度,你还稍逊一筹。"校长微笑着说,"不过,在课堂提问时,你叫的是学生的名字,而他们却叫学号或用手指。试想,我们怎能录用一个不愿去了解和尊重学生的教师呢?"

可见,求职者应该养成注意细节的习惯,因为细节中往往蕴含着机会,即使一个微不足道的动作,或许就会改变你的一生。世界上最难遵循的规则是度,度源于素养,而素养则来自日常生活一点一滴的细节的积累,这种积累是一种功夫。作为招聘方,他们可以通过一些细节来判断出你的素质,因此,每位求职者都需要注重小节,切不可在关键的时刻让它出卖了你。

## 【课堂总结】

没有趟不过的河,也没有找不到的好工作。困难最怕有心人,只要用心,方法总比困难多。一个困难后面,都隐蔽着无数个解决的办法,这应该是每个求职者必须保持的正确心态。

# 在职场不可不分是非

职场为人处世，最忌讳的莫过于不辨是非，四处得罪人。这无疑是职场生涯的一个障碍，是职场人士不可不知的。是非很难分清，特别是在职场，明处暗处，里面外面，种种的利益交错，蒙蔽了一些人的双眼，于是，是非不分，误解别人，甚至打击别人，这无疑是错误的。

明辨是非是职场人士必备的能力之一，是职场方圆处世的一个重要内容，更是职场生存不可或缺的知识。不能明辨是非，就可能误解别人，给自己和别人带来困扰，还会把事情办糟。

在楚汉战争期间，有一次，项羽的军队把刘邦围困在荥阳城。刘邦的大军基本上都被韩信带出去打仗了，刘邦就快到了绝境。

项羽觉得这一次刘邦肯定是跑不了了，他带领着楚军驻扎在荥阳城外，牢牢地把刘邦围在城内，就算有援军来救刘邦，也冲不破项羽的大军。项羽基本上是在等着荥阳城内粮食吃光，看着刘邦束手就擒了。

突然有一天，项羽在大营里听到有人议论，说亚父范增想自立为王，暗地里跟刘邦勾结在一起，正准备策动谋反，把自己灭掉呢。项羽听了这话，心里非常生气，他想：范增一直跟着自己打天下，经常给自己出谋划策，自己对他又敬又畏，尊称他为"亚父"，也就是干爹的意思。在楚军大营里，范增应该是自己最信任的人了，想不到连这样一个人都要背叛自己，和敌人一起来对付自己，真是人心难测啊。尽管很生气，毕竟范增谋反的事还没有明确的证据，项羽也不好找范增当面对质，就把这件事藏在心里。从这儿以后，项羽在心里对范增提防起来，看到范增时总觉得他有事瞒着自己，就不再像以前那样信任范增了。

其实，项羽是个有勇无谋的人，他之所以能够聚集起那么大的力量，除了自己过人的神勇之外，更因为他身边有范增这么个足智多谋的人时时提点，给他出谋划策。很多次危急关头，都是范增出面化险为夷。可以说，没有范增，项羽决成不了大气候。这样一个人，跟项羽合作了那么多年，项羽对他的为人应该很了解才是，怎么相信他要谋反呢？而且，范增已经是七十多岁的老头子了，离死也不远了，要创业早该选在盛年时，老成那样还瞎折腾究竟图什么？这些都是项羽应该考虑的问题。可是项羽没分析得这么透彻，他有些相信别人的议论。

　　过了一段时间，项羽派一个使者到刘邦那里去办事。刘邦手下的智囊陈平热情地接待了使者，把使者迎到了贵宾室，又命令人上了一桌丰盛的筵席，山珍海味应有尽有。陈平陪着使者享用这顿美餐，吃饭的过程中，陈平多次向使者询问范增的近况，不停地夸赞范增。酒过三巡，陈平突然凑到使者耳边说："范亚父有什么吩咐？"使者觉得莫名其妙，就说："我是项王派来的人，不是亚父派的。"陈平非常吃惊地说："我还以为是亚父派来的呢。"接着就让人撤掉美食，把使者引到一个简陋的房间去吃粗茶淡饭。陈平也不作陪了，一甩袖子很生气地走了。

　　使者觉得备受羞辱，就回去把事情的经过都跟项羽讲了。项羽认为范增果然是勾结刘邦，要背叛自己，就大发脾气。一怒之下，赶走了范增。范增根本就没有辩解的机会，看到项羽那绝情的样子，知道他无论如何也不会再相信自己，只好坐着马车踏上回老家的路途。一路上，范增怎么想怎么心痛、委屈、生气，就生了病。再加上一路颠簸，他那老迈的身体哪里受得了，就死在了回家的路上。

　　其实这一切都是陈平设的计，为的就是除掉范增这个大障碍。从花钱买通楚人散布谣言，到那场精彩的大戏，都是陈平精心策划的结果。

项羽在这个过程中不能明辨是非，活活冤死了范增。失去了范增以后，刘邦又用陈平计谋逃出荥阳城，项羽的事业渐渐走了下坡路。

项羽不能分清是非，对合作多年的亚父也产生了怀疑，最后竟然和范增决裂，这正中了敌人的奸计。这样的人怎么能够成就大业呢？看来，项羽自刎乌江不是什么天意，而是他自己不能明辨是非所致。

## 【课堂总结】

明辨是非是职场生存的一种必备的能力，只有明辨是非，才能真正地聚集人缘，才能有自己的良好的人际关系，才能真正地为自己的职场生涯修桥铺路。

# 职场晋升，要凭实力说话

江涛所在的公司刚刚接了一个过百万的项目，谁如果能够负责这个项目，不仅可以获得丰厚的佣金，更可以在公司、客户以及整个行业中树立自己的个人品牌，江涛当然要极力争取。但是最后确定的负责人却不是他，江涛觉得委屈，于是去找经理问明原因。经理说："你没有主持过这么大的项目，公司对你的实力还没有很深入的了解，怎么可能把它交给你呢？"

是江涛能力不足，还是老总偏心？我们不得而知，但是，通常情况下，站在管理者的角度，他们用人的标准一般是以个人的实力来衡量，他们会像猎豹一样盯住绩效。因此，职业人士只能拿业绩和实力来证明自己，因为职场从来不相信"辛苦"的眼泪。

古罗马皇帝哈德良曾经碰到过这样的一个问题。他手下有一位将军，跟随他长年征战。有一次，这位将军觉得他应该得到提升，便对皇帝说："我应该升到更重要的领导岗位，因为我的经验丰富，参加过 10 次重要战役。"哈德良皇帝是一个对人才有着高明判断力的人，他并不认为这位将军有能力担任更高的职务。于是，他随意指着拴在周围的战驴说："亲爱的将军，好好看看这些驴子，它们至少参加过 20 次战役，可它们仍然是驴子。"

工作也一样，没有所谓的苦劳，只有功劳，一切靠业绩说话。经验与资历固然重要，但这并不是衡量能力的标准，有些人所自诩的 10 年业界经验，不过是一年经验重复 10 次罢了。年复一年地重复一种工作，固然很熟练，但可怕的是这种重复已阻碍了自己的成长，扼杀了想象力与创造力。

【课堂总结】

不要说你为公司付出了多少辛劳，公司是一个靠业绩说话的地方。身在职场，大家都是竞争对手，你不进步，就意味着会被淘汰，要想在众多的竞争者中脱颖而出，就要多加努力了，想晋升，就得拿出你的实力。

# 维护公司利益

任何一位职场人士，只有把公司的事当成自己的事情去办，这样才能充分发挥个人的能动作用，才能更快地获得成功。每一位成功的职场人士，都是维护自己公司利益的忠诚的卫道士。他们用自己的忠诚和热情，维护着公司的每一份利益。那些对事业有着雄心壮志和满腔热情的员工，他们在做好自身工作的同时，无时无刻不在寻找证明自己的机会，扩大自己对公司的贡献。

任何一个忠诚的员工必然是维护公司利益的，他们把自己的利益和公司的利益紧紧挂在一起，千方百计地维护公司的利益。对任何一位老板来说，员工的能力固然很重要，但是，更重要的是员工的忠诚，员工对公司利益的积极维护，这是老板衡量一个好员工的重要标准之一。毋庸置疑，老板更倾向于选择忠诚的员工，哪怕其能力方面稍微欠缺一些，一个员工固然需要精明能干，但再有能力的员工，不以公司利益为重，对公司没有足够的忠诚度，依然不是一个合格的员工。

董明珠和很多职场新人一样，有一段并不轻松的打工经历。有一次，她被公司派到安徽去做销售员，而她的第一个任务就是：索回前任销售人员所留下来的一笔欠款。对她来说，她完全可以不去理会这笔欠款，重新开拓属于自己的业务，但是，她是这样想的：这是公司的钱，是员工们努力的成果，怎么能说丢就丢了呢？于是，她下定决心把欠款收回来。

讨过债的人都知道，这是一件非常困难的事，尤其是对女性来说。但是，困难并没有将她打倒。俗话说得好，只要功夫深，铁杵磨成针。在经过 40 天的斗智斗勇之后，对方终于妥协了，她成功地要回了属于公司的货款。在收到货款后，她噙着泪水冲欠债者喊道："从今往后，再也不和你做生意了！"

对董明珠来说，她完全没有必要去讨这个债，公司也不会有任何人去责怪她，因为这不是她所造成的。但是，她却在众人不解的目光中，毅然去解决这个前任所留下来的问题，而这样的一个念头，就开始了她作为一个职业经理人非常杰出的旅程。尽管这是一条遍布荆棘的路，但是，她却在路上披荆斩棘所向披靡，闯出了一条成功之路。

这就是有"中国商界铁娘子"之称的格力电器股份有限

公司总裁董明珠最初的一段打工经历。

从这个故事中，我们可以看到一个为了维护自己公司的利益历尽艰难的职场新人的成长之路。维护公司利益就是要求大家时刻把公司利益挂在心上，对凡是伤害公司利益的事会像伤害自己的利益那样感到心疼。能做到这点的员工，必然能够顾全大局、维护部门利益、坚决抵制破坏公司利益或公司形象的行为、正确处理个人与公司利益的关系。维护公司的利益，无疑是衡量一个员工是否优秀的重要标准之一。对于一个优秀的员工来说，他们既是公司物质利益的维护者，又要是一个公司形象的宣传者与保护者。

杨先生是一家保健品公司的推销员。有一次，他乘飞机出差，结果，在途中遇到了歹徒劫机。在空中经历了惊心动魄的 10 个小时之后，劫机的问题终于得到解决。在飞机安全降落在机场的时候，机舱内一片欢呼。想到机舱外无数的记者和观众，杨先生就想：为什么不利用这个机会，宣传自己公司的形象呢？

于是，他马上找来一张大纸，在纸上写了一行大字："我是 ×× 公司的推销员，我和公司的某某牌保健品安然无恙！非常感谢营救我们的人！"

当杨先生打着这样的牌子走出机舱的时候，马上就被电视台的镜头捕捉到了，他居然在这次劫机事件中成了明星！有多家新闻媒体对他进行了采访报道。

当他回到公司的时候，董事长和总经理召集了所有的中层主管在公司门口夹道欢迎他。原来，他在机场做出的别出心裁的举动，为公司做了一个免费的宣传广告，使得公司和产品的名字在一瞬间家喻户晓。公司的业务自然也是接踵而来，电话都快被打爆了，客户的订单更是一个接一个。董事长动情地说："没想到，你在那样的情况下，首先想到的竟然是公司和产品。毫无疑问，你是最优秀的推销主管！"在众多员工面前，董事长当场宣读了对他的任命书：主管营销和公关的副总经理。之后，老总还特地奖励了他一笔丰厚的奖金。

这是一个值得称赞的故事，当一个员工刚刚摆脱危机之后，他没有常人的欢呼，首先想到的是公司。对于这种时时刻刻都在想着公司的利益的员工，他的利益也将得到最大的满足。

要知道，维护公司利益，其实就是维护我们个人利益。只有公司利益好，每个人的地位和收人才能得以保障。我们不能一叶障目，只关注自己所得，而忽略了个人和企业不可分离的事实。

对任何一个职场人士来说，维护公司的利益，就是维护自己的利益。只有在公司的利益得到保障的时候，个人的利益才能得到满足。时时刻刻想着公司利益的人，公司自然也不会忽略个人的贡献。这是每一位优秀的职场人士都明白的道理，也是他们在职场能够有所建树的重要因素之一。

【课堂总结】

维护公司利益，要从我们每个人的实际行动着手。从身边点滴小事做起，为公司节省一度电，维护公司的形象，为公司做一些力所能及的宣传等等。任何一位职场人士都应该努力用心去维护公司的运转，不能让自己成为企业运营路上的绊脚石。适应公司整体前进的步伐，为公司的发展做出自己的贡献，奉献自己的每一分光和热！

# 公司成长，个人才能发展

职场从来不乏成功人士，但是，并不是每个人都能在职场获得成功，大多数人的成果都是建立在团队成功的基础之上。对公司员工来说，只有公司成长了，你才能够获得发展，只有公司赢利了，你的工资才能得到提高，你个人才能有更大的发展空间。公司的发展程度，对你的薪酬有重要的影响，甚至起决定作用！

对于职场人士来说，公司和个人的关系是必须明白的一个道理：只有公司成功了，你才能够成功。公司和你的关系是"一荣俱荣，一损俱损"的。只有每一位职场人士认识到这一点，才能在职场获得老板的赏识和信任，从而取得成功！作为一个员工，你要时刻记住自己的使命是努力实现公司的目标。然而，这些目标有时看来十分的简洁清晰，但有时却不那么明朗，你必须去做更深一层的挖掘。

有一位叫汤姆的年轻人，是纽约一家纺织品公司的销售经理，他对自己的销售业绩感到非常骄傲。好多次，他向老板讲述自己如何为公司卖力地工作，如何劝说一位服装厂的老板订公司的货。但是，老板只是点点头，淡淡地表示赞同。

汤姆显然对老板的态度不满，最后鼓起勇气，"我们的业务是销售纺织品，不是吗？"他问道，"难道您不喜欢我的客户？"

老板平静地直视着他说："汤姆，你把全部精力放在一个小小的服装厂上，你不觉得这个小小的服装厂耗费了我们太大的精力。请把注意力盯在一次可订3000码货物的大客户身上！"

汤姆听了以后，顿时明白了，就把手中较小的客户交给一位经纪人去处理。虽然这样一来，他只能得到少量的报酬，但更重要的是，他有了更大的目标—找到更大的客户。

很多人在追求目标的过程中，很容易忘记了自己的最终目的：老板认为你可以为他成功尽心尽力，作出贡献。这显然是工作的价值所在，而不仅仅是完成目标那么简单。

任何一个和老板保持一致并帮助公司获得发展的人，最终都会成为企业的中坚力量，自己也会成为令人艳羡的成功人士，这是职场不变更的法则。

即使自己只是普通的一员，只要关系到公司的利益，你都应该毫不犹豫地去维护。因为，假如一个职员要想得到提升，公司的每一件事情都是他的责任。如果你想让老板知道你是一个可造之才的话，那么，最好、最快的方法就是要积极地寻找并抓住每一个可以促进公司发展的机会，即使不是你的责任，你也可以这样做，因为公司的事情就是你自己的事情。只有像这样对自己、公司积极负责的人，才能得到老板的信任和重用。

董辉是一家工具厂的主管，有一天，他向别人抱怨材料供应商办事效率奇低："如果没办法如期拿到材料，我们公司肯定就无法准时交货了。下个礼拜我们有一批很重要的货要批出去，可是有个零件到现在还没到，本来一个月前就该送到我们公司了！那家材料供应商根本也没在想办法，我们公司也一样！"

公司的总经理听说后问他："对于这个问题，你觉得你该做什么呢？"

他一脸惊愕地回答说："喔，我刚刚知道有这个问题，可是这不关我的事，那不是我部门负责的，也不在我的工作范围之内。"

像董辉这样把自己的职责范围划分得很小的人，很显然，对公司的事务缺乏热情，这样的人永远也难以在老板心中留下好印象。

如果你总是推卸自己的责任，或许，老板看到你的优点不会辞退你，但是，在老板的心里，你肯定是一个不被委以重任的人。

总之，对职场人士来说，在任何时候，"公司的事就是我的事"这绝对不是一句简单的口号，更多的是对公司的责任和义务，是每一个有理想有抱负的职场人士的主人翁精神！只有把自己视为公司的老板，积极发扬主人翁精神，才能在帮助公司发展的同时让自己获得成功。而这样的人，无疑是任何一家公司宝贵的财富，是老板心目中可以信任和重用的人才！

## 【课堂总结】

对职场人士来说，在任何时候，"公司的事就是我的事"这绝对不是一句简单的口号，更多的是对公司的责任和义务，是每一个有理想有抱负的职场人士的主人翁精神！只有把自己视为公司的老板，积极发扬主人翁精神，才能在帮助公司发展的同时让自己获得成功。而这样的人，无疑是任何一家公司宝贵的财富，是老板心目中可以信任和重用的人才！

# 扩大"承担圈"，放大"成功圈"

在职场，要想生存，要想做出一番成绩，仅仅做好自己"分内事"是远远不够的，纵观那些在职场取得成绩的人，他们在做好"分内事"的同时，往往还做了一些"分外事。"而这些"分外事"正是他们自身价值上升的体现，也为他们在职场生存奠定了更坚实的基础。

在美国，有一位年轻的铁路邮递员，刚开始工作的时候，他和其他邮递员一样，用陈旧的方法分发信件。而大部分的信件都是凭这些邮递员不太准确的记忆挑选后发送的。所以，这就造成了很多信件往往会因为他人记忆出现差错而无谓地被耽误几天甚至几个星期。

这位年轻的邮递员对这种陈旧的方式感到非常不满，于是，他开始寻找新办法。经过长期的观察和总结，他发明了一种把寄往同一地点的信件统一汇集起来的方法。而这样一件小得不能再小的事情，却大大地改变了信件的传递效率。他的方法和计划很快引起了上司的广泛注意，很快，他获得了升迁的机会。五年以后，他成了铁路邮政总局的副局长，不久又被升为局长，从此踏上了美国电话电报公司总经理的仕途。

看似一件非常小的事情，微不足道，他的成功只是因为多想了一些事，多做了一点"分外事。"却成了他一生中意义最为深远的事情，成为他职业生涯的转折点，一步步走向成功。

西方有句名言，叫作"多走一里路，交通不堵塞。"用在职场中，就是告诉人们应该多做一些"分外"事，便于自己在职场中一路畅通。

麦克在进入出版公司之初，他仅仅是一名普通的文字加工者。但是，他一直有一个梦想，那就是成为一名作家。于是，在做好"分内事"的同时，他开始经常帮助编辑写一些东西，或是帮助编辑做一些市场调研的工作。渐渐地，他充分掌握了市场的需求和写作的技巧。通过每天多做一点"分外事。"他的写作水平自然也是越来越高，一步步朝着自己的梦想前进，终于成为著名的作家。

没有人是天才，每个人都有自己的不足。多种技能是在工作和学习的过程中获得的。但是，仅仅靠埋头做好自己的本职工作的话，那对于自己技能的提高是非常缓慢的。所以，要想在职场有所发展，有所建树，我们很有必要做一些"分外"的事。

卡洛·道尼斯先生在汽车制造商杜兰特打工的时候，他只是一名普通的办公室文员。工作一段时候后，他发现当所有的人每天下班回家后，杜兰特先生仍然留在办公室直到很晚。因此，他每天在下班后也继续留在办公室看资料。没有人请他留下来，但他认为，应该留下来，以便为杜兰特先生随时提供一些力所能及的协助。

从那以后，杜兰特在需要人帮忙时，总会发现道尼斯就在他的身旁。于是他养成了随时随地招呼道尼斯的习惯。渐渐地，他就成为杜兰特的左右手，而杜兰特对他信任有加，逐渐把卡洛·道尼斯培养成自己下属一家汽车经销公司的总裁。卡洛·道尼斯为什么能够在很短的时间升到这么高的职位，正是因为他提供了远远超出他所获得的报酬的服务。

社会在发展，公司在成长，个人的职责范围也随之扩大。如果一个人只拥有一项技能，而且掌握得还不够熟练，那么，这个人在社会上就很难立足。面对"分外"的工作时，不妨伸出手，并将把"做分外事"当作人生成功的催化剂。

做好"分内事"的同时，多做一点"分外事。"这样才能为自己争取更多的机会，才能学到更多的东西，从而在职场有所建树。扩大"承担圈"的同时，也放大了自己的"成功圈。"所以，对于那些有志于在职场中有所建树的人来说，不妨考虑多去承担一些"分外事。"

【课堂总结】

　　对每一位职场人士来说，多做一点"分外事"。就多了一份成功的机会，只有不断进步，才能获得更广阔的职场生存空间。主动多做一些"分外事"，多承担一些事情，只有扩大"承担圈"，才能放大自己的"成功圈"。多做一点"分外事"，积少成多，为自己开拓更广阔的生存空间。也许就在不远的将来，你的老板会把一封升职信放到你的桌子上。

# 办事果断，先下手为强

美国前总统老布什说："命运不是运气而是抉择；命运不是思想，更重要的是去做；命运不是名词是动词；命运不是放弃而是掌握。"在职场也是一样，只有果断行动，才能真正地做出成绩，而不是在机会面前犹豫不决。

在每个人的人生道路上都有很多好机会，但是很多人都因为犹豫不决与机会失之交臂，所以，在职场做事，一定要果断决策，把握住良好的时机！

做事不够果断，最终只能让自己后悔。在机会面前人人平等，只有用最快的速度，最准确的方向，大步向前走，而那些前顾后看、患得患失的人只会使自己与成功和幸福擦身而过。职场做事更是这样，更需要果断决策，该出手时就出手，先下手为强！

罗伦斯在20世纪70年代是英国广播公司驻香港记者，曾经有很多重大的新闻被世界各大报转发，一度受到关注。他在谈到自己决策的时候，有一个非常有意思的插曲：

一天，他在海滨的家接到一个电话，是伦敦总部打的，询问他"伊丽莎白皇后"号是否有新的情况。他回答，那是世界上最大的邮船，1930年在克莱德河上建成……

不对，对方的意思他没有听明白，对方解释说问的是目前的情况！

他依然没有想到问题的实质，还说：它就停在香港岸边，有人计划把它改成海上大学。

但是，对方说，那玩意儿现在正在燃烧。

他快步走到窗前，拉开窗帘。在他面前的港口上，那艘雄伟的邮船从头到尾都在熊熊燃烧，烟云蔽空。

当他明白这是一条重大的新闻的时候，他的决策已经慢了半拍，已经有报纸报道了该重大事件！

即使是最优秀的记者，面对重大新闻，也会有决策慢的时候，以至于错过抢独家新闻的机会。

问题的关键是什么？我们在考虑一件事情的时候，总是没有去从最本质的情况来出发，以至于让我们的怠慢延误了最佳的决策时机，最后我们可能失去很多好的机会。为人处事又何尝不是这样呢，当我们在深度思考自己的决策是否正确的时候，我们犹豫不决的时候，决策的最佳时机已经过去，我们追悔都来不及了，只能给自己留下遗憾！

对很多职场人士来说，职场有太多的障碍，种种复杂的人际关系，各自利益的纠纷，这必然导致做一些决策的时候无法做到果断，更不要说走在别人前面了。当机会向我们招手的时候，别忘了，只有我们自己果断地做出决策，不能在犹豫不决中错失机会！这也是"拯救"自己的最好的方法！

## 【课堂总结】

当机会来临的时候，当我们在犹豫不决的时候，机会走了，我们失去了最好的机会。我们可以弥补，但是，错过了最好的机会，我们很难做到完美。所以，在职场做事，该出手时就出手，先下手为强，办事果断才能把握更多的机会。时刻保持一颗清醒的头脑，时刻准备抓住每一个让我们成功的机会，一切因为我们的果断而完美！

# 困难面前，勇往直前

在海明威 20 岁的时候，他立志做第一流的作家，每天辛苦写作，但所写的稿件全部被退回。随后的 3 年时间里，他写出 1 部长篇、18 部短篇和 30 首诗，但是，糟糕的是，他的妻子把他的装有全部手稿的手提箱弄丢了。

24 岁的时候，海明威出版了他的第一部作品，这部只印了 300 册的书，在社会上没有产生任何影响。而这个时候，他的妻子也带着儿子离开了穷困潦倒的他。

事业无望，家庭破碎，经济窘困，对任何人来说，这种遭遇可以说倒霉到了极点，但是，海明威却没有一蹶不振。虽然每一次的尝试带来的都是失败，但他仍然没有放弃新的尝试。因为他相信只要用平常心面对失败，并且不害怕失败，上天对每一个人都是公平的，自己的付出会有应有的回报。

25 岁那年，他尝试用一种新的文学体裁创作了长篇小说《太阳也升起了》，在社会各界引起了好评。这以后，他继续尝试不同风格和题材的文学作品，佳作不断问世：《永别了，武器》成为 20 世纪 20 年代的经典之作，《乞力马扎罗的雪》是这个世纪最成功的短篇小说之一，直到《老人与海》这部世界文学宝库中的珍品问世，他终于实现了 20 岁时的梦想——做世界一流的作家。

1954 年，凭借在文学上的突出贡献，他荣获了作为一个作家的至高无上的荣誉—诺贝尔文学奖。

海明威的经历告诉我们，在人生的不断起伏中，只有不怕失败，才能在一次一次的尝试中找到成功的机会。黑格尔曾经说过："我们决不甘于落后！"人的一生，必然要经历无数的风风雨雨，但是，在困难面前，我们只有一如既往地勇往直前，在风雨中站起来，永远不服输，才能赢得最终的胜利！

阻碍我们成功的往往不是不知道的事，而是一些司空见惯的事情，自身固有的观念、前人的经验、世俗的眼光，这一切都会成为枷锁套住我们的思想，让我们不敢跨出一步。成功、创新首先要做的就是拿出打破一切常规的勇气。成功的人往往是那些能够在困难面前勇往直前、在工作中有所突破的人，这种人是各个公司都急于网罗的对象。

在一家公司里，总经理总是对新来的员工强调一件事："谁也不要走进8楼那个没挂门牌的房间。"总经理并没有去解释是什么原因，也没有员工问为什么，他们只是牢牢地记住了这个规定。

一段时间以后，公司来了一批新员工，总经理又重复了上面的规定。这次有个年轻人小声嘀咕了一句："为什么？"

"不为什么。"总经理满脸严肃地说，依旧没有任何解释。

回到岗位上，年轻人的脑海中一直思考着总经理这个令人费解的规定。其他人劝他不要多管闲事，遵守这个规定，干好自己的工作就行了，但年轻人却执意要进入那个房间看个究竟。

他轻轻地敲了一下门，没有反应，再轻轻一推，虚掩的门开了，只见屋里有一个纸牌，上面写着："把这个纸牌送给总经理。"

当公司的人听说年轻人擅闯"禁区。"同事们劝他赶紧把纸牌放回房间，他们会替他保密的，但是，年轻人果断地拒绝了。他拿着纸牌走进了15楼总经理的办公室。

当这个年轻人把那纸牌交到总经理手中时，总经理宣布了一项惊人的决定："从现在起，你被任命为销售部经理。"

"就因为我拿来了这个纸牌吗？"年轻人诧异地问。

"对，等这一刻我已经等了快半年了，相信你能胜任这份工作。"总经理自信地说。

果然，在年轻人带领下的销售部，业绩不断上升。

年轻人果断地"进。"为自己迎来了机遇，从而改变了自己的职场生涯。在困难面前，主动出击，果断前进，这需要勇气，更需要智慧。年轻人用自己的勇气打开了那扇通向成功的大门，这种执着的精神，就是永远不向任何困难低头、压不扁、折不弯、顶得住、吓不倒的力量，让他克服困难，奋勇前进，从而打开了成功大门。

对于任何一位职场人士来说，只有在困难面前，果断地勇往直前，才能打开成功的大门。困难面前，进退维谷，犹豫不决，必然会错失机遇，与成功擦肩而过！所以，在进退之间，如何抉择，在困难面前，勇敢地冲上去，以进为策略，用勇气和信心战胜一切困难，推开成功的大门！

【课堂总结】

对于任何一位职场人士来说，只有在困难面前，果断地勇往直前，才能打开成功的大门。困难面前，进退维谷，犹豫不决，必然会错失机遇，与成功擦肩而过！所以，在进退之间，如何抉择，在困难面前，勇敢地冲上去，以进为策略，用勇气和信心战胜一切困难，推开成功的大门！

# 善于表现，但是不要乱表现

在职场，竞争越来越激烈。而在竞争中能够尽快脱颖而出的重要方法就是要善于表现自己，让上司和同事看到自己的优点和长处，通过自己的表现来达到升职加薪的目的。表现自己固然好，可以让上司和同事了解自己，但是，表现自我的同时要注意把握机会，切不可急功近利，不然可能会遭到挫折与失败。

表现自我很重要，一次完美的表现或许就是职场生涯的一个转折点。善于表现自我更为重要，千万不要乱表现。聪明的人应该懂得韬光养晦，收敛锋芒，避免"树大招风"。这虽然是老生常谈，却是实打实的生存发展策略，职场也是一样。

老子说："不自见，故明；不自是，故彰；不自伐，故功；不自矜，故长。"一个人有较强的能力没有错，但是，错就错在处处炫耀自己，处处争强好胜，这必然会把自己推向风口浪尖，这对任何人来说都是非常不明智的。聪明的人知道应该什么时候运用自己的才华，而不需要的时候，他们就会将自己的锋芒收敛起来。

周清在一家大型的广告公司做设计，在工作了一段时间以后，同事都看得出来，周清是一个非常有才气而且清高的小伙子。他非常聪明，天马行空的设计方案，常常得到公司上层的赞许，所以在公司自己内部的刊物上，周清还被介绍为"怪才"。

而和周清一起被公司录取的同事们却没有一个能够得到公司上层的赞许，他们也没有周清的才气。周清的方案几乎都是一次性通过，经常迎来同事们欣赏的眼光，甚至很多同事都经常拿着周清的方案和周清一起讨论学习。这种情况自然让周清非常自豪。所以，他每次都会竭尽全力做好每一个设计方案。

在公司不管做什么事情周清总会一马当先，尽可能地做到完美，处处争强好胜，看起来春风得意。但是，两年后，和他一起进公司的同事几乎都有所升迁，只有他，依然在原来的位置上原地踏步。周清没有明白这到底是怎么一回事，他觉得自己的设计被肯定，自己的创意被肯定，但是为什么自己不能得到升迁呢？

其实，周清没有看到，就是因为他出众的才华让他成了公司的异类。因为，在开始进公司的时候，他就因为才华受到了大家的追捧和肯定，而他不知自敛反而处处显示自己，他就变成了一个脱离公司集体意识的人。他被大家捧到了一个比较高的位置上，他身上的缺点和优点自然也被领导看得非常清楚、仔细。领导自然对他也有所顾忌，因为周清太多地考虑了自己的感受，完全没有照顾其他人，只顾自己表现，忽视了其他的人的贡献和支持。而公司的领导又是一个非常保守的人，公司强调团队精神，做事讲究合作，共同进步，像周清这样的人，自然不会受到领导的完全信任和重用。

　　一个有着非凡才华的人诚然是可贵的。但是，人是社会的动物，尤其是在职场里，与人合作是最为重要的。因为合作，才能让一个企业真正地走向成功。而一个人，有再多的才华都不能办到这一点。聪明的人在职场中懂得将自己的才华合理运用，在发挥自己才华的时候又不忘与别人合作。只有这样，才能让自己不处在危险的风口浪尖之上。

【课堂总结】

　　身在职场，要善于表现自己，更要懂得适当地表现自己，不能乱表现。"木秀于林，风必摧之"的道理，相信每个人都懂，所以，在职场，在表现自己的同时，更要注重他人的感受，切忌胡乱表现，把自己推向风口浪尖。

# 用诚心能换来忠心

在职场，处世圆滑一些是必要的，但是，有的时候，也需要付出你的诚心，用诚心换来别人的拥护和支持，这样才能开创一番事业。人是有感情的动物，职场人士也不例外，职场内也有情感，只是太多的利益交错让情感淡化了。而人的一切行为都受感情支配，当你真正做到去了解你的同事以及下级的时候，尊重他们、帮助他们，你就能够获取他们感情。

三国时期，蜀国外患频频，北方魏国全面攻击，而南方孟获又率领蛮邦不断骚扰。作为蜀国丞相的诸葛亮，自然要肩负起保卫国家安全的重任，所以，诸葛亮决定指挥军队南下，首先解决南方危机，然后再重点防御北方魏国的攻击，从而避免腹背受敌。

为了确保北征魏国的时候国内的稳定，没有南方蛮邦的骚扰。诸葛亮认为："最好的办法是攻占人心，而非城池。心战为上，兵战为下，赢得人心是最关键的。"用真诚换对方的臣服，确保国内稳定。

在交战之前，诸葛亮就已经布置好了陷阱，所以，交战时轻而易举地就俘获了孟获大部分军队，连他本人也被俘虏了。然而，诸葛亮并没有处死他，更没有惩罚他，而是设宴以美食和美酒款待他们，面对诸葛亮的"宅心仁厚"，众蛮兵感动得热泪盈眶，纷纷感激诸葛亮的不杀之恩。

此时，诸葛亮召见了孟获，问他："如果我现在放了你，你会怎么做？"

孟获非常干脆地说："我会再次招兵买马，与你决一死战。但是，若是我再次被你俘获，就会臣服于你。"于是，诸葛亮立即下令释放了孟获。

孟获果如其言，很快征集部队，准备与诸葛亮决一死战，但是，他的部下因为受到诸葛亮的善待，反戈一击，将孟获绑住交给了诸葛亮。

此时，诸葛亮再次以相同的问题询问孟获，孟获说："我不是在公平决战中被打败的，而是因为手下人的背叛，所以，我会再与你决一死战，以分胜负。如果我第三次被俘虏，我将会臣服于你。"于是，诸葛亮又放了他。

在接下来的几个月当中，诸葛亮一而再再而三地智擒孟获，但是，屡次被俘获的孟获每次都有诸如误中诡计、运气不好、时运不济等新的借口。

直到第六次被擒获时，孟获才主动说："如果我第七次再被你俘获，我将会倾心归顺于你，永不反叛。"

诸葛亮也明确地表示："如果我再次擒获你，就不会释放你了。"

结果，在第七次战役中，孟获又成了诸葛亮的俘虏。在这场杀戮中，诸葛亮不忍心再一次面对他的俘虏，所以，就派专人传达自己的命令，对孟获说："丞相特意派我前来释放你，如果你能够办得到，就再次动员一支军队与他决战，看你是否能够击败丞相。"

此时，孟获早已垂泪不止，跪倒在地，表示自己已经臣服于诸葛亮。于是，诸葛亮就设宴款待孟获，重新让他登上王位，并且还将征服的土地全部归还给他，然后诸葛亮就率军返回了自己的营地。最终，通过七擒七纵孟获，彻底解决了南方的问题。而孟获所部，再也没有叛乱。

## 【课堂总结】

攻心为上，攻城为下。职场也是这样，只有诚心对待自己的同事和下属，才能换来同事和下属的支持和帮助。将心比心，只有这样，才能赢得下属的忠心，才能为自己成就一番事业打下坚实的群众基础。

# 不做见利忘义的小人

那些见利忘义的小人自然不会受到任何人的欢迎，职场也不例外。在职场，见利忘义的小人并不少见，毕竟，职场本身就是一个利益场。所谓，君子爱财取之以道，对于那些见利忘义的小人，相信是人们不齿的。

但是，职场毕竟是职场，见利忘义的小人不会断绝，我们无法要求别人如何做，但我们能够要求自己如何做。见利忘义，必然会受到人们的唾弃，更会失去人们的信任，这样必然损害自己的长期利益。为了一时的小利而舍弃长远的利益，这绝非明智之举。

从前有一个人，他不但长得容貌端正，举止大方，且具有渊博的学识。家里藏有万贯家财，对人和蔼友善，极富社会公德心，时常接济那些贫困的人。受到人们的赞扬与爱戴。

当时有个愚蠢的人，见到他既有学识身份，又肯帮衬周济有困难的人，便极力巴结，逢人便说他是我的兄长，待我如亲兄弟，我视他为亲兄长云云。

有人问他："你们从前并没有什么交情，这亲如手足的话从何谈起呢？"

他终于道出心里的真实想法，说："我之所以这样，是因为他有钱，在急需的时候，可以借用，才称他为兄的。"

后来愚蠢的人看见这位兄长欠了别人的债，怕连累到自己，又到处对人讲："这人不是我哥哥。"

人们听了后说："你真是个愚人，为何在需要钱的时候，就称他为兄长，到他负债时，又说不是兄长了呢？"

愚人回答说："我以前想得到他的钱财，才认他为兄长，实际上他并不是我哥哥，如果他欠了债，我就没必要再称其为兄了。"

人们听了他的这番话，都知道了他是一个见利忘义的世俗无耻之徒，对他都是嗤之以鼻。

俗话说"君子爱财，取之有道"。何谓"道"？大概每个人都有自己的标准，但有一条，自己不能出卖灵魂，更不能出卖良心。做人不可见利忘义，利是暂时的，义才是长久的。

在古老的恒河岸边，有一只九种毛色的鹿。它那鲜艳发光的毛色和洁白如雪的鹿角，以及善良纯洁的心灵，受到所有同伴的赞叹和钦慕。九色鹿和乌鸦是非常要好的朋友，他们互相照顾，互相关怀，无忧无虑地嬉戏、游玩，欣赏大自然所赋予的优美景色。

一天，九色鹿正在恒河边散步，突然听到一阵急迫凄惨的呼救声："救命啊，救命啊！"一个人正被汹涌的激浪卷流而下，情况十分危急。看到这种情景，善良的九色鹿丝毫不顾自己的危险，纵身跳进河里向落水的人游去。恶浪一个接着一个涌向九色鹿，但是他毫不气馁，终于把落水人救了出来。惊魂未定的落水人名叫调达，他庆幸自己的再生，一面向九色鹿叩头，一面不停地说着感激的话："尊敬的恩人，感激您再生的恩情，我对着上天起誓，请求您允许我做您的奴仆，使您不乏水草，不受伤害。""不，不必了。"九色鹿亲切地说，"可怜的调达，你的情意，我心领了。你快回去吧！你的家人正在焦急地等着你呢！"听到这话，调达低着头虔敬地说道："但是，我还是希望您能给我一个报恩的机会！"九色鹿欣慰地笑笑，说："去吧！亲爱的调达。我喜欢独自生活。我永远不会忘记你对我的诚挚的感情。我只期望你不要向任何人透露我的行踪。"调达起誓说："请您放心。如果我背信弃义，就叫我浑身长满烂疮，嘴里散发出恶臭。"说完，告别了九色鹿，走上了回家的路途。

这个国家的王妃，娇媚动人，却是一个贪婪而又奸恶的女人。一天，她梦到了这只毛色九种、头角雪白美丽的九色鹿。醒来后，她心想："我要用那灿烂耀目的美丽皮毛做我的垫褥，要用那纯白的鹿角做我的拂尘把柄。我必须得到它！"于是，她对国王说："亲爱的陛下，我一定要得到那只我在梦中所见到的九色鹿。你是一国之主，威震天下，一定可以为我找到那只梦中的九色鹿。陛下，我亲爱的丈夫，当我垫着它的皮毛，拿着它的鹿角的时候，你的妻子将是世界上最美丽、最温柔的女人。我求你，答应我吧！"她坐在床上，耍弄着美丽女人的各种娇嗔和痴态。国王心软了："啊！美丽的夫人，起来吧！我一定把九色鹿献到你的脚下，用它装饰我娇美的王妃。"

于是，国王下令："若有人抓到九色鹿，或报告鹿的行踪，我将以一半国土封赠。"

人们窃窃私语着："怎么，国王陛下昏了吗？为一只鹿……""又是那个妖艳的女人，要什么……"调达夹在人们中间，暗自思忖着，"只有我知道它的行踪，终身的富贵就这样从天而降！它虽然是一只好鹿，但毕竟是个畜牲，我得到它，就能获得财富和地位，这同猎人猎取虎豹换取衣食一样，有什么不可以呢！"他入神地想着，似乎满碗的金银，在布告上跳动，闪耀着诱人的光芒。调达卑怯地弯腰向武士咕噜着："嗯，大人，我知道这只鹿的行踪。"

调达终于没有经受住利益的诱惑，说出了九色鹿的下落。于是，国王率领大批善射能武的勇士随着调达出了宫城，向九色鹿所在的恒河边上行进。

恒河边上，九色鹿还沉睡在甜美的梦中。但是，杂乱而频急的马蹄声扰乱了恒河边上的宁静，乌鸦在枝头惊醒了，高喊着："快醒醒吧！九色鹿，快醒醒吧！国王来捉你了。"但是九色鹿仍然沉睡在梦中。勇士们一步一步地逼近。九色鹿突然惊醒，它看到勇士们张弓拔弩，引箭待发。在这千钧一发的时刻，九色鹿猛然跳到国王面前，不亢不卑地说："我已处在你的刀丛剑树之下，但是，一个圣明的国王是不能滥杀无辜的！我对陛下有过恩情，为什么还要让我死在您的刀剑之下呢？"国王奇怪地问道："我们素不相识，你对我有什么恩情呢？""陛下的一个臣民曾被恶浪所卷，是我救他出险的。还有，您是怎么知道我的行踪的呢？"

国王指着车旁的调达："是他。"

"是他！他正是我不顾生命从水中救出的人哪！他曾发誓决不暴露我的所在呀！他竟是这样一个忘恩负义的小人！他竟然出卖了救他性命的我。"

听了九色鹿的话，大家愤怒而厌恶的目光射向那个昧心背义的调达。突然，调达的身上长满了烂疮，疮里流出肮脏的脓血，嘴里散发着恶臭。从此，人们唾弃他，像避开瘟疫一样地避开他。

国王非常惭愧，最后下令全国："今后任何人都不准伤害九色鹿，让这只善良的动物自由自在地在原野荒林中愉快地生活。违抗命令的人，将被处以极刑。"九色鹿又恢复了自由！

王妃的贪欲落空了，她又羞又恨，最后被活活地气死。

孔子曾说："不义而富且贵，于我如浮云。"意思是：用不仁义的方法得到的荣华富贵，对我来讲就好像天上的浮云一样。其实财富，不管你得来的"有道"还是"无道"，都如同浮云一般，生不带来，死不带去。如若看得太紧，反而说不定还会被别人算计了去。

孟子说得好，"生，我所欲也；义，亦我所欲也。二者不可得兼，舍生而取义者也。"义字面前，生都可以不要，何况利呢？如果眼里只有利，势必会被蒙住眼睛，甚至利欲熏心，到那时，可就真的是丢了西瓜捡芝麻了。

## 【课堂总结】

见利忘义，尽管得到了眼前的利益，但是牺牲的是长远利益，享受了一时之快，随之而来的是终身的痛楚。董仲舒曾说"天之生人也，使人生义与利，利以养其体，义以养其心，心不得义，不能乐，体不得利，不能安。"所以，君子重义，小人重利，君子爱财，取之有道。每一位身处职场利益漩涡中的人士都应该明白这个道理。

# 重诺，但不要轻易承诺

在职场中，重视自己的承诺，无疑是赢得良好信誉的重要方面。而说到做到，信守承诺，这更是一个人的立身之本。在职场中，人们更重视一个人的诚信，纵观那些成功人士，他们无不重视自己的诚信，凡是自己承诺的事情，必然会千方百计地做到，决然不会背信弃义，背叛承诺。

在意大利曾经就有这样一个非常著名的信守承诺的例子。

在公元前 4 世纪的意大利，有一个名叫皮斯阿司的年轻人被暴君奥尼索斯判处绞刑，原因就是他触犯了暴君奥尼索斯。但是，皮斯阿司是一个孝子，多次请求奥尼索斯让他回家与父母双亲诀别，然后再回到牢狱受刑，但是，暴君奥尼索斯担心皮斯阿司逃跑，始终没有同意。

这时，皮斯阿司的一个朋友达蒙面见国君，请求为皮斯阿司做担保，表示：如果皮斯阿司逃走或者不能如期服刑，自己愿意代他受刑。这样，暴君奥尼索斯才勉强答应了奥尼索斯回家与父母诀别的要求。

临刑之期越来越近了，皮斯阿司却一点音信都没有。所有的人都在嘲笑达蒙：愚蠢到竟然用自己的生命来担保友情。达蒙最终被带上了绞刑架，准备替朋友皮斯阿司受刑，人们都静静地看着，他们将看到悲剧性的一幕。但是，马上要行刑的时候，皮斯阿司的身影在远方出现。在暴雨中，他飞奔而来，并大声喊："我回来了！"

皮斯阿司跑到达蒙面前，热泪盈眶，深情地拥抱达蒙，与达蒙做最后的诀别。这个时候，在刑场所有观众的眼睛都湿润了。就连暴君奥尼索斯都深深地被这一幕所感动，特赦了皮斯阿司，免除了他的罪行，并且说：愿意倾其所有来结交这样的朋友。

这个故事告诉我们，诚信是人与人交往的基础，是做人的根本。很多做生意的人都把交际的重点放在交际技巧和交际手段上，这其实不过是舍本逐末、缘木求鱼罢了，一个人诚信不足，纵然技巧多么高超，终为一时，无法长久保持友谊和合作。一个坚定地信守自己承诺的人，才是最放心的合作伙伴。

职场也是一样，任何一个领导都会信任那些信守个人承诺的下属，而不是只看工作能力。好的员工，哪怕能力不行，可以慢慢培养，而那些连自己的承诺都无法坚守的人，即使能力再强也不会得到领导的信任和重用。

信守自己的承诺，坚定自己的承诺，兑现自己的承诺，这是任何一位优秀的职场人士不可或缺的优点。重视承诺，决然不是随意承诺。尤其是在应酬中轻易承诺很容易造成被动的局面，甚至会起到负面作用。所以，在承诺别人的时候要掂量一下自己的分量，根据自己的能力答应别人的请求。

拿破仑曾说过："我从不轻易承诺，因为承诺会变成不可自拔的错误。"比如，朋友托你办一件事，而这件事在你看来可以办或可以不办，或介于两者之间，你可应允为其办理，这叫自觉承诺。你也可能会说"让我想一想"，这叫不自觉承诺。在人家看来，你也承诺了。

有这样一个故事：在一个十字路口，有一位老人在一棵枝繁叶茂的大树下歇息。突然，一个年轻人飞奔到老人面前，惊慌地哀求老人救他，说有人误以为他是小偷，偷了人家的东西，正带领一帮人追他，声言要剁掉他的双手。刚说完便纵身爬到那棵大树上躲了起来，并再一次请求老人不要告诉追他的人自己躲在树上。老人看看年轻人，不像是一个小偷，便回答说："让我想一想。"

而这句话，却是老人不自觉的承诺，让年轻人彻底放心了。没过多久，追捕的人赶到大树下，问老人："你有没有看到到一个年轻人从这里跑过去？"但是，这个老人曾经有过一个誓言——今生绝不讲假话，于是，随口回道："见过。"追捕的人又问："他往哪儿跑了？"老人很随意地朝树上指了指。年轻人终于被人从树上拖下来，剁掉了双手。年轻人在被剁手的时候还在一直大骂老人违背了自己的承诺，背叛了他。

任何一个人都喜欢和"言出必行"的人交往，很少有人用宽容的尺度去谅解一个人的失信。我们常常在应酬中听到某位朋友说，某某分明答应为我办一件事，可是他却食言了。仔细地想一想那位朋友的话，虽然某某曾经答应过他，但那很可能只是表面上的应付，或者是这件事根本就不可能办到。其实，恐怕连那位朋友也心知肚明，他所托之事有些强人所难。但是他肯定会责备别人而不责备自己！如不细想，任何人听了，也会觉得某某不对，因为到了这种地步，谁还会顾及当初某某自觉或不自觉地应允朋友时的为难境地呢！有人不禁会问："当着朋友的面，对朋友提出的请求非应允不可，而这种要求根本就办不到时怎么办？"

一位日本应酬学家说过这样一句话："我们在倾听别人表达和请求完毕后，不妨轻轻地摇头，不必强烈地表示出拒绝的态度。"从专家的话中，我们可以明白，我们可以不必用伤害感情的强烈言辞去拒绝朋友的请求，只要轻轻摇一下头，把拒绝的意思含蓄地表达出来就可以了。

这样，朋友自然就可以理解了。当然，你还需要有充分拒绝的理由，朋友会更容易接受。

给别人承诺，固然是好事，别人会认为你是一个值得信赖的人，但是，如果你承诺了别人而自己的能力又有限，无法让自己的承诺兑现，此时此刻别人会认为你言而无信。这样必然会让自己的信誉在他人心里消失。所以，为了自己的名声着想，在承诺别人的时候，看看自己能不能办到，做不到的事情就别轻率承诺，别把话说得太满，要给自己留一定的余地。

## 【课堂总结】

在职场，信守承诺固然很重要，这是一个人在职场安身立命的根本所在，但是，千万不要轻易对别人许下承诺！在自己力所能及的范围内可以承诺，但是，超出自己的能力范围或者自己没有把握的事情，千万不要承诺，不然很有可能会失信于人！做人做事千万要记住，话不要说得太满，一定要给自己留有余地！

# 第四章

# 懂得变通，学会适应工作

4

　　一滴水的最好去处是哪里呢？那就是大海。是的，孑然独处的一滴水固然显得独立不羁，却难以指望它富有长久的生命力，正如一个特立独行的人，虽不乏桀骜不驯的嶙嶙风骨，却也难为世人所接纳，不免陷入郁郁寡欢的凄凉境地。职场如战场，充满了看不见的硝烟，因此，光有才华是无法取得成功的，还要有融入团队的适应能力。

# 职场何处无圈套

对于职场，人们有相当多的形容，有人说，工作就是生意，职场就是生意场；有人说，职场就是名利场，淋漓尽致演绎着人与人之间的钩心斗角；还有人说，职场就是一场看不见硝烟的战争，虽然表面上平静如水，暗地里却波涛汹涌……不论哪种形容，我们都能感同身受那种复杂、诡谲、惊险、胆战，这就是最真实的职场。

"解套"是一个很关键的问题，而且没有其他灵丹妙药。职场危机一定会存在，而且它不会因你回避而离你远去，因此，直面危机，才是最有效的解决办法。对于职场的套牢现象，可以从以下四个方面入手，有效地规避和解除。

第一，必须要做到明明白白。首先你要对周围所有的情况非常了解，要知道你的职责是什么，要知道老板对你的期望是什么，且知道老板是个什么样的人，对你最在意的是什么。即使对前后左右上下的人不能了如指掌，最起码你要明白你的位置，明利害。其次，必须清楚企业里谁是关键人物，并与之建立伙伴关系。俗话说"大树底下好乘凉"，你要选择属于自己的大树，并与之保持良好的伙伴关系，晋升之路也就顺畅多了。再次，要对所有的规则了解清楚。这个规则既包括明确的规则，也包括一些潜规则，潜规则不一定是坏的东西，而是约定俗成的东西。最后，就是了解公司的战略目标，并想办法参与进去。一般情况下，公司的战略目标是决定整个公司前途命运的核心，是否参与其中，对于你在公司的位置、晋升速度等都有着非常重要的影响。

第二，行为举止职业化。职业化是职场人必须经历的过程，它会让你逐渐符合你所从事岗位的所有标准，能够极大地发挥职位的作用，而且能将与职位不相符的"枝节"全都去掉，方便更好地实现自我价值，让领导更快地感受到你的重要，进而得到晋升的机会。

第三，策略性地解决冲突。职场冲突是可以顺利化解的，问题的关键是要将冲突视为可以解决的问题：先确认冲突的源头，沉稳而冷静地面对，再充分发挥沟通协调的功能，采用恰当的方法解决冲突。

第四，与同事建立协作关系。首先，要做一个受欢迎的人。在工作中，学会以真心的微笑面对他人，以一种平和、积极的心态对待工作和他人。其次，不能闷声不响，也不能太锋芒毕露，不能让他人怀疑你的能力，也不能因为才华的显露而遭遇妒忌；不在办公场所谈私事，人前人后不要说人是非，尊重同事的兴趣和爱好，不将个人好恶带入职场，注意经济上的细节往来。简言之，职场交往需要把握好人际关系的细节，掌握好与同事交往的"度"。

是否能够得到领导提拔，通常取决于你对公司将来的发展的价值和贡献。然而，是否能将自己的才华与抱负等值地转化成为现实价值，职场政治起着微妙的作用，善于利用职场政治的积极作用，将大大提高晋升的速度和步伐。畅销书《圈子圈套》作者王强以揭示职场圈套而得名，他说过这样的话：身处职场，做人不能太老实，有些职场政治和潜规则你不得不学。

## 【课堂总结】

"套牢"一词来源于股市，它是指进行股票交易时所遭遇的交易风险。套牢表示投资者的投资浮动损失已经大大超过了他的可接受范围，且在可预见的时间段内，能捞回损失的机会不大。职场也会遭遇套牢现象，套牢不可怕，可怕的是不能正确地面对职场危机，不能掌握解套的有效方法。

# 有才华，更要有智慧

现实中的职场，表面感觉不到它的凶险，但是，来自内部和外部的职场陷阱的确存在。工作中每一步、每一个环节，无不隐藏着许多圈套和暗流，等到你醒悟时，为时已晚。譬如，择业的错位、加薪、晋升的无望、跳槽的失误以及与上司、同事关系紧张等等，都是工作中最容易让你掉入的陷阱。一旦陷入，就会让你郁郁寡欢，壮志难酬。

柏拉图说："我们背对着山洞口静坐，对于在我们背后绵延展开的壮丽世界，我们充满想象，却一无所知。"我们就如同这些盲目的静坐者，职场生涯就是我们背后深邃幽暗的隧道。我们在洞口忐忑不安，不知该怎样迈开第一步。职场如战场，稍有不慎，就会误入歧途，掉进职业发展的圈套。种种现象表明，在职场中被陷的现象是极其正常的，职场就像一个危机四处的丛林，到处布满了陷阱。如果你不懂得识别圈套或者不懂得解除圈套的方法，那么你只能身陷其中，永远禁锢在原地，无法得到突破和发展。

因此，一方面我们要以正确的心态面对工作中的圈套，另一方面也要掌握应对这些圈套的方法。掌握这些应对圈套的方法，远远比拥有过人的才华有效。因为所谓的方法，其实质是"智慧"。有职场专家总结说，有了出众的才华，下一个就是非凡的智慧；才华有了智慧的指引，才会展示它的完美性。

有人咨询过百余位职业经理人，其中提到过一个最关键的问题："你觉得比才华重要的还有什么？"绝大多数的答案是：智慧。其次是人缘、做人、宽容、协调、自信、真诚……其实，正是这一切品质集合成了人类的"智慧"。

## 【课堂总结】

如果说"才华"表达了某种单一，"智慧"就代表了无限。"才华"是一种显而易见的现象，而"智慧"则是隐而不显、说不清道不明的资质，它事实上是人类所有品质完善的集合体，是"意识与行为"的完美结合。总而言之，有人的地方就是江湖，江湖险恶，从来并非武功高强者就能纵横天下。职场更是如此，任何深陷的现象都是正常的，关键在于你如何运用智慧积极地处理它。

# 懂得变通，学会适应

　　每位职场人士难免都会进入一个新的工作环境，或者随着职业生涯的推进，会主动或被动地接受很多新的变化。只有懂得"到什么山上唱什么歌"—以变化的心态面对生活和工作的人，才会迅速适应新的环境，把握主动权。

　　在企业中，一位优秀的员工应该懂得变通。变通也叫灵活性，指思维灵活多变，能举一反三，触类旁通，不易受以往旧经验和消极定势的桎梏，能从不同角度看问题，产生超常的构想。只有懂得变通的人，才会对外界敏感，易于挖掘契机，也善于找到解决问题最完美的办法。对于改变，"一根筋"的人显然是难以应付的，只有那些最为乐观而最富创造性的人才能够思路开阔、灵活地对待不可避免、持续发展的变化，而这些变化恰恰是实现目标所必需的。

　　1973年，英国利物浦市一个叫科莱特的青年，考入了美国哈佛大学。常和他坐在一起听课的是一位18岁的美国小伙子，大学二年级那年，这位小伙子和科莱特商议一起退学，去开发财务软件。因为新编教程中，已解决了进位制路径转换问题。

当时，科莱特感到非常惊讶，因为他来这里是求学的，不是闹着玩的，再说 BIT 系统默尔博士才教了点皮毛，要开发 BIT 财务软件，不学完大学的全部课程是不可能成功的。因此他委婉地拒绝了那位小伙子的邀请。

10 年后，科莱特成为哈佛大学计算机 BIT 方面的博士研究生，那位退学的小伙子也是在这一年进入美国《福布斯》杂志亿万富豪排行榜。到 1995 年，科莱特经过攻读取得博士后之后，他认为自己已具备了足够的学识，可以开发 BIT 财务软件了，而那位小伙子则已绕过 BIT 系统，开发出 EIP 财务软件——它比 BIT 软件快 1500 倍，并且在两周内占领了全球市场。这一年，他成了世界首富，一个代表成功和财富的名字——比尔·盖茨，也随之传遍世界的每一个角落。

比尔·盖茨因为懂得依情势而变通，因而成就了一番事业。而科莱特却因为始终一味执着追求学业而落后了。追求成功如此，工作事业也是如此，我们不能一根筋，一条道走到黑，要学会变通，懂得随机应变。

一般人都认为，如果决定了一件事情或一个想法，就必须坚持到底，甚至和别人辩论以维护自己的主张。而懂得变通的人，不会盲目迷信自己一时的想法，会把别人的意见做一个重新思考并加以评估。当然，我们并不是否认坚持的重要性，而是指要根据实际情况调整方向。

当你树立了一个明确的目标之后，你必定要制定一个相应的计划，这时你已经知道自己必须付出什么样的代价。可是，这还远远不够，因为任何事情都是处于变化之中的，往往一件事的发展总是会在你的意料之外。你原有的计划将不再适合于已经变化了的局面，你必须对此做出改变。所谓计划赶不上变化，正是这样的道理，如果情况变了，你还坚持原来的计划，只能是适得其反。

确定人生方向和做决定不仅要变通，在工作中也要懂得变通，死守规划和条条框框，只会使自己作茧自缚。要有敢于突破、敢于变通的实践观，在工作中，主动发现问题，变通解决，不生搬硬套；在政策执行过程中，既要坚持原则，又要善于变通，要有灵活运用政策的实践观。

总而言之，每个员工都应该学会变通，在变通中发展，在变通中走向成功。假如你陷入了困境，不要消沉，不要焦虑，变通可以让你绕开一切障碍，找到走出困境的绝妙方法。

## 【课堂总结】

萧伯纳曾经说过："明智的人使自己适应世界，而不明智的人只会坚持要世界适应自己。"你无法让环境适应你，就只能去适应环境。而适应环境，就必须懂得变通。所谓"穷则思变"，灵活机变的素质能把你引向成功的坦途，同时它也将成为你棋高一招的标志。

# 换工作改变不了根本性问题

家家都有一本难念的经，每个人都能找到导致自己坏心情的若干理由。但是，换工作就能改变自己坏心情的状况吗？答案是：不能！黎江就是最好的例子，他三年换了15个工作，也终究没有找到能够给自己带来好心情的工作，其根本原因在于自己。这让我不由得想起一个故事：

一只乌鸦经常忙碌地搬家，鸽子疑惑不解地问："这树林不是你的老家吗？你干吗还要搬家呢？"

乌鸦叹着气说："在这个树林里，我实在住不下去了，这里的人都讨厌我的叫声。"

鸽子带着同情的口吻说："你唱歌的声音实在难听，所以大家讨厌你。其实，你只要把声音改变一下，或者闭上嘴巴不再唱歌，别人就不会嫌弃你。如果你不改变自己的叫声，即使搬到另外一个地方，那里的人还是照样会讨厌你的。"

工作中，常有人抱怨说环境或周围的人对自己不利，所以就想借换工作环境，或结交新的朋友，来改变尴尬的境遇，但是他们却很少反省：自己人际关系的不顺畅或职场的不如意，究竟是自己的因素还是别人的因素造成的。如果原因是出自本身的话，唯有改变自己，才能让问题迎刃而解，否则，不断地转换工作或认识新朋友只能是对生命的浪费，对问题的解决没有丝毫裨益。

可见，黎江要想解决问题，不应该频繁更换工作，而是先想办法转换好心情，而好心情的获得，必须得转换思维才行。

有许多人总是这山望着那山高，总感觉自己公司没别的公司好。他们一旦对现有工作产生厌倦感，第一个想法就是跳槽。其实，再好的工作也难尽善尽美，如果不能调适自己的心情，下一个工作必定又是新一轮厌倦的开始。那么，如何转换思维，让自己在不需要跳槽的前提下，就可以拥有好心情呢？

一位在深圳房地产广告公司任总监的朋友，30岁未到，在圈内就小有成就。有人问："你为什么这么年轻，就坐到这位子？"他回答说："第一，我从不跳槽。第二，凡事我都懂得换个角度思考！"

他23岁从部队退伍，就到了这家公司，当时公司只有四十多人，六年了，公司壮大了，他也成长了。其间有许多人跳槽，也有人挖他出去，但他没受影响，一直在这家公司。

他认为哪都一样，只要干好了，老板就不会对你怎样。

老板常开玩笑对他说："我只要找到能力和你一样，要求没你高的人，一定把你辞了。"他也常笑着对老板说："只要你找到这样的人，我一定自己走。"于是他不断努力工作、学习，不断提高自己，让老板一直找不到比他强的人。

很多事情站在局外分析，我们可以看得很清楚，而在局内，却容易犯糊涂。所以，遇到任何问题，必须要懂得跳出局内，以局外人的角色来思考。很多的事情，看到了它的本质，就没有什么想不开的了。

事实上，在现实的生活里，只有靠自己的"一念之差"，改变自己的思考及态度，才能去影响别人并改变环境。而这"一念之差"，既是将负面思考调整为正面思考的重要枢纽，也是左右"心情"的关键。所以，当你有跳槽念头时，一定要三思而后行，给自己一个认真思考的时间，这样才能作出明智的决定。

## 【课堂总结】

没有一件工作会令人天天愉快，当你兴起"另起炉灶"的念头时，不妨先转换你的心情，以新的角度看待你的工作。

# 与同事交往宜"同流少合污"

你生活在公司一个团队里面，不管你如何自视清高，你都不可能离群索居。况且，很多的工作，必须是和其他成员通力合作才能实现的。这个时候，你就必须学会与团队其他人合作。

每个人都有自己的小圈子，突然被推到一群陌生的同事当中，的确面临一个艰难的选择：是保持自己的个性，还是尽快融入陌生的环境？你可能会觉得与其跟一大帮无趣的人混在一起，还不如坚守自己的空间。于是，你不和同事做朋友，不和同事说知心话，不和同事分享秘密，与同事的关系越来越疏远，但是，你渐渐发现自己的工作越来越困难，虽然自己谁也没得罪，可一些负面评价老是陪伴左右。最后，你才明白，其实人的最本质特性就是社会性。人们总是寻求同类，排斥异己。所以，与同事多"同流"会帮助你尽快摆脱困境。

可见，不管你情愿与否，你必须与办公室的那些小圈子里的人"同流"，因为不管你看不看得惯，他们都存在，他们都会对你的工作产生影响。

当然，随大流也不是没有原则的，因为"同流"难免会遇到那些"烂苹果"式的同事，因此，我们要坚持"同流不合污"的原则。一是你不能对不是圈子里的同事采取排斥态度，真的"拉帮结伙"；二是如果这个圈子真的开始"结党营私"，牟取私利，比如统一口径、虚报加班费的话，你就要与他们保持一定的距离。

## 【课堂总结】

和同事保持适当的距离是很必要的，这样能给自己省去很多的烦恼，不会因为你和什么人走得过近或过远给你造成一些不必要的麻烦。工作就是工作，不要因为私人感情疏远或亲近某个同事，在团体内部造成一种小圈圈，这样的结果就是把自己套进了自己设的圈套里。

# 这样的老板不值得跟随

好老板没有唯一的标准，但是糟糕的老板却有迹可循。有些糟糕的老板，性格、言行举止存在着很大的缺陷，这样就导致他们在管理上的短视与偏见，以及为人处事方面的消极态度。这些消极的因素，会潜移默化影响你的成长，阻碍你的发展，更为致命的是，还可能会带给你一生的后遗症。如果你遇到这样的老板，不要抱怨自己的不幸，大胆跟他说再见吧，千万别为了所谓的饭碗强忍下来,这样你会得不偿失。下面几种老板是切不可跟随的：

## 1. 没有成功经验的老板

如果你的老板在商场已闯荡多年，却没有一次真正成功的经验，而他却经常沾沾自喜。此时，你应该开始怀疑自己的选择了，应该仔细探讨他多次失败的原因。一个没有成功经验的老板，你怎能肯定他这一次一定会成功，除非你能给他带来好运。

## 2. 管理过于宽厚的老板

过于宽厚的老板，一般会给员工宽容、好说话的感觉，因为即使看到部下工作没有及时完成，或出了差错，他也睁只眼闭只眼。但我们千万不要把这种"好说话"当作善意，事实上，这种"善意"只会让我们放任自流，最终斗志丧失，走向失败的深渊。

### 3. 事必躬亲的老板

这样的老板把自己当作超人，大小事一人包揽，根本不给下属独当一面的机会。如果你不希望永远待在一家名不见经传的小公司，便最好选择一位懂得授权的老板，只有这样，你才能真正得到成长。

### 4. 不懂得取舍的老板

天下没有白吃的午餐。又要马儿好，又要马儿不吃草，这种老板只能称之为不知取舍。鱼与熊掌都想兼得，通常是二者都得不到。成功的老板应该懂得什么叫放长线钓大鱼，有所取，有所舍，是成功老板必须具备的一个条件。如果你的老板一直无法克服这个痛苦，那便是你该三思的时候了。

### 5. 朝令夕改的老板

这种老板优柔寡断，缺乏耐心。你花费许多时间所策划的方案，他在实行三天之后就可以将之取消。或者花费数个月酝酿的计划，往往因为访客的一句话而告全盘推翻。更令人沮丧的是，根据老板指示而做成的计划，往往搁在老板的抽屉里石沉大海。

你会发现，公司上上下下都很忙，忙着收拾残局，忙着挖东墙补西墙。老板则一天到晚都在提出新药方，但他永远不会相信，有些疾病只有时间可以治愈。

### 6. 喜新厌旧的老板

喜新厌旧的老板，很难留住人才。他一般在你进入公司后，就在你面前数落一些资深员工的不是。这类老板不能客观地评估员工的绩效，对员工的要求过于苛刻，不得民心。

### 7. 言行不一致的老板

这样的老板说的是一套，做的却是另一套。他们往往喜欢承诺，装出一副体恤下属、赏罚分明的样子，但他们所承诺的却从来没有兑现过。

### 【课堂总结】

演员没有舞台，表演就变得不可能；人才没有平台，就只能怀才不遇。在工作的舞台上，我们都是一个舞者，舞台的好坏，决定着我们能否有出色的表演。所以，一定要选择一个好的舞台，跳一场精彩的人生之舞。

# 做人做事，要留余地

做人做事，给别人留点余地，学会宽容别人，大度地接受别人。这样做其实也是给自己今后做人做事的留了后路。"话不说尽，事不做绝。"古往今来，这句话像传家宝一样，代代相传。其实，就是要给别人留有余地，不要赶尽杀绝。"穷寇莫追"说的也是这个道理。

给人留有余地是一种美好的品德，更是一种人生的大智慧，是一份难得的情怀。盖屋建楼，我们都会留有一些空地给绿树，给花草，给阳光，给空气；修路筑路，我们都会到了一定的距离，留下一段"余地"，防止路面发生膨胀；书面"留白"，我们可以让读者有一些想象的空间；批评保守一些，这样可以给人一次改过自新的机会；表扬含蓄一些，给人留下可以继续进取的余地。

宋朝的时候，有一个常州人叫苏掖，在常州做官，是州县监察官。尽管在当地苏掖算是个有钱的富翁，但是，对他人他总是非常吝啬，甚至还经常乘人之危，想着办法占别人的便宜。

比如说，在购买别人的田产或房产的时候，他肯定会找这样那样的理由，目的也很简单，就是想方设法不给人家全额付款。很多时候，甚至仅仅为了少付一文钱，他都不会顾及面子，在大街上跟人家争得面红耳赤。

最能表现出他吝啬的情况，那就是他总是会趁着人家困窘危急、着急用钱，狠狠地压低对方急于出售的房产、地产及其他物品的价格，从中牟取暴利。

有一次，苏掖想要买下一户人家的别墅，而这户人家因为经商失败，不得不卖掉房子还债。尽管别墅的主人已经报出了非常低的价格，但是，苏掖还是不顾他人感受地狠压房价，双方为此是争论不休。

这个时候，苏掖的儿子正好在旁边，看到这一幕，他实在难以忍受父亲的苛刻了，于是，对苏掖说："爹，您就这样吧，不要再压价了！您不为您自己考虑，请为儿孙们考虑一下，万一哪天咱家衰落了，我们儿孙辈逼不得已要卖掉这座别墅，我们还能祈祷那个时候有人能给个不错的价钱。"

苏掖听儿子说完，觉得儿子都懂的道理，自己竟然只为了钱而将人家赶尽杀绝，于是感到非常惭愧。从那以后，他做事的时候，不会只顾着自己的利益了，一定会考虑双方的利益，给人家留一分余地。

与人相争，不过二亩三分地，不过几分利，一时之快意，却很有可能在自己以后的人生路上留下祸根，给自己带来坎坷，争来了麻烦，争来了冷眼旁观，甚至会落井下石和孤苦无依！即便自己一朝离去，难免会祸及子孙。

说起嵇康，相信我们都会想到嵇康最了不起的时候，在被砍头之前，潇洒地手挥五弦目送归鸿，弹奏一曲《广陵散》，恐怕在刑场上开音乐会，古今中外都少见吧。

嵇康的死自然要比陆机死前一把鼻涕一把泪念叨着"欲闻华亭鹤唳，可复得乎？"高出了好几个层次，做人也潇洒。嵇康除了是个才子还是个美男子，史书上都有记载。他在做人层次有一定的高度，但是还不够。有人说他"宽简有大量"。也有人说他"君性烈而才隽，其能免乎"。意思很明白，就是智商高情商低，在做人上面不够圆通，难免会吃亏。

有一次，朋友山涛推荐他当官，他不愿意去。而且还专门写了篇《告绝书》，要跟山涛绝交。当然，山涛也是出于一片好意，朋友之情，而嵇康却不领情，这又不是什么原则问题，嵇康竟然还要昭告天下与山涛断绝。这样做事做人不留余地，能不吃亏吗？当然，山涛是个君子。而钟会就不同了。

钟会是什么人，小人！若是得罪君子，君子不与之计较。但是，如果君子得罪小人，君子甚至连自己怎么死的，都不会知道。就像那句话说的"宁可得罪君子，不可得罪小人！"

嵇康冷遇钟会，钟会这样的人又怎么会不怀恨在心呢？嵇康空争口舌之利，并未占到多大便宜，反而落得身陷囹圄。但是，他始终没有觉悟，不知道地球是圆的，最后，只落得血溅刑场。

俗话说，"人为财死，鸟为食亡"。一个人谋生，首先谋的就是生财之道，没有财就无法解决衣食住行等一系列问题，任何人都很看重自己的财路。所以，身在职场，做人做事，一定要给别人留下余地。千万别把人家逼得太急，要知道狗急了会跳墙，兔子急了也会咬人，逼急了，你得到的将是无情的报复，你将无法再在这个圈子里混下去。

做人难，难做人，这计划是千百年来困扰人们的问题。做人真的有那么难吗？其实不难。只要我们做人不要做得太绝，学会圆通处世，不得罪小人，也不得罪君子，做人圆一些是好事。为别人留余地的同时，也为自己铺路，不然，只能让自己陷入死胡同，上天无路，入地无门。

【课堂总结】

对于每一位职场人士来说，做人一定要给别人留有余地，不争一时，不争一分，得理饶人，这样才能为自己留足后路。每个人都有山穷水尽、落魄潦倒的时候，给他人留点余地，也是给自己留点余地，这样，人生路才会更宽。给他人留有余地，这也是职场做人的一种智慧，是职场生存的哲学。

# 携手与同事"共赢"

在职场，同事之间的关系十分微妙。同事之间在利益上是竞争的关系，同时，更多的是合作关系。而在职场，处理好与同事的关系非常重要，既不能相互冒犯，也不能相互拆台，更不能只顾自己、不顾他人。最明智的相处方式就是在竞争中合作，在合作中共创"双赢"的局面。

同事之间只有合作，才能共赢，就像是一个整体，每个人都是非常重要的。没有了合作，只能两败俱伤，两无收益。所以，同事之间最好的相处方式就是在竞争之中合作，而不是独自打拼甚至相互拆台。

有这样一个故事：

一位商人买了很多货物，要穿过沙漠。商人把货物分别放在了一头驴和一匹马的背上，就开始了在沙漠中穿行。

驴对马说："我都快被累死了，你能分担一点我的负担吗？"马不理睬驴的请求，继续向前走。结果，驴果然累死了，主人不得不把驴身上所有的货物都搬到马身上。

从这个故事中我们可以明白，马的教训说明了合作的重要性。如果当初马帮助驴，那么，也就不会有自己负担重压的结局了。同事之间，一定要善于合作，懂得与他人合作，这样才能让自己发展壮大。

很多时候，帮助别人就等于是帮助自己。不妨先看一个故事：

有一位长者，见到了两个饥饿的人，于是老者心生怜悯，送给他们两样东西：一根鱼竿和一篓鲜活硕大的鱼。两个人分了老者的恩赐，其中，一个人要了一篓鱼，另一个要了一根鱼竿。

其中，得到一篓鱼的人，很快就在原地就用干柴搭起篝火，把鱼煮上了。鱼烧好后，他甚至都没有仔细品味鱼肉的鲜美，就风卷残云一般连鱼带汤吃了个精光。以后继续过着饥饿的日子。

而另外一个人，继续忍受饥饿，提着鱼竿一步步艰难地走向海边，但是，在他看到辽阔的大海的时候，他已经用尽了最后一点力气，只能带着无尽的遗憾离开人世。

没多久，老者又遇到了两个饥饿的人，老者产生了怜悯之心，于是，赠予这两个人一根鱼竿和一篓鱼。

但是，这两个人并不像前面那两个人那样分道扬镳，两个人决定一起寻找大海。两个人每次只煮一条鱼，然后分吃。经过长时间的跋涉之后，他们终于到了海边。

从此，两人开始了以捕鱼为生的日子。没过几年，他们拥有了自己的房子，成立了各自的家庭，有了自己的子女，同时，两个人也拥有了各自的渔船，两家人都在幸福安康地生活着。

一样的处境，一样的恩赐，却是不一样的结果。从这两个故事中，我们可以看到：不懂得合作的两个饥饿者，最后连生命都不能保住，而懂得与他人合作的两个饥饿者，不仅生存了下来，而且还过上了幸福的生活。由此可见，学会与他人合作是非常重要的。

在职场，与同事相处时，更应该与同事合作。哪怕同事是自己的竞争对手，也要想办法努力与他达成默契，互为后盾，相互支持。这样一来，不只是实现了"双赢"，而且实现了"多赢"全方位的"赢"。在这样的共赢局面下，同事关系自然能进一步融洽。

总之，世界上有许多事情，人与人之间只有通过相互合作才能做好。一个人学会了如何与别人合作，就等于是找到了打开成功之门的钥匙。这就是人们常说的："小合作有小成就，大合作有大成就，不合作就很难有成就。"

## 【课堂总结】

俗话说："一个巴掌拍不响，两个巴掌响遍天。"帮助别人就是帮助自己，只有学会和别人合作才是真正地学会如何高层次做人。与人合作方能降低成本，懂得合作为高层次做人之本。正如《易经》所说："二人同心，其利断金。"一个人是很渺小，但是，多人合作就会产生巨大的效应，这样才更容易取得较大的成功。

# 在家靠父母，出门靠朋友

俗话说："在家靠父母，出门靠朋友。"朋友多了路好走，人脉就是财富，让一个人的成功之路越走越宽。在职场更是这样，尽管说能力、品德等都是成功非常关键的因素，但是，在职场，更需要有广泛的人脉，这是最宝贵的财富，是成功的助推剂，在关键时刻发挥的作用是难以想象的。

人脉关系是一种资源，更是一种成功的资本，是一笔越多越好的财富。"30岁前靠能力，30岁后靠人脉。"有人认为，一个人事业的成功，80%的功劳就来自人脉。每个人都渴望获得成功，但是，没有人脉的积累是很难获得成功的。人脉是一个人成功必备的关键因素。

职场做事更需要有广泛的人脉，一个好汉三个帮，有了人脉才会有助力，有了助力才能在职场获得更多的帮助和支持，才能真正地立足和发展。广泛的人际关系，更是职场人脉之道的重要内容，是升职加薪的重要保障，更是个人获得成功不可或缺的因素。

红顶商人胡雪岩的故事，很多人都知道。

读过历史小说家高阳笔下的《红顶商人》的人，一定会被胡雪岩高超的交际能力感到惊叹。学者曾仕强在分析胡雪岩的过人之处时说："对事情看得透，眼光够远，从不会轻忽小人物。"胡雪岩最初的发迹，靠的就是浙江巡抚王有龄。

王有龄为什么会帮助胡雪岩呢？

因为王有龄在当初不过是一介书生，胡雪岩那时候也只是一个店员，胡雪岩挪动公款大力支持王有龄，王有龄必然对胡雪岩的全力相助念念不忘。虽然胡雪岩被老板炒了鱿鱼，但是，王有龄上任浙江巡抚就等于胡雪岩的投资有了收获，接着就是收获果实了。

"投之以桃，报之以李。"在王有龄的全力帮助下，胡雪岩的人生向前迈出了一大步。

不管是官场也好，职场也好，说到底就是一张巨大的关系网，是一张利益交错的关系网，只有拥有了广泛的人际关系，才能真正地把网织好，从而捕捉到最大的利益。很多人在职场都忽略了这一点，只是简单地认为把事情做好就够了，其实，这是完全不对的。建立广泛的人际关系，更是把是事情做好的前提条件，是一个人在职场取得重大成功的重要条件。

中国台北"身心灵成长协会"的创办人赖淑惠，对很多人来说很陌生。早年在她做房产中介的时候，就有这样一个"结交小人物"的故事。

那个时候，赖淑惠做一栋大厦的房产中介，就住在这栋大厦里，她在经过仔细观察之后，发现了这样一个问题，很多对大厦有兴趣的买家，第一个询问的人肯定会是大门的管理员："最近有要卖房子的住户吗？价钱是多少呢？"

但是，令人感到有趣的是，管理员的回答几乎每次都是："您可以去问问住在八楼的赖小姐，她是做房产中介的。"

不仅如此，这栋大厦哪家人需要急用钱，赶着卖房子的消息肯定也是第一个传到赖淑慧的耳朵里。正因为能够第一时间掌握客户和房主的信息，赖淑惠仅仅在这栋大厦一个物业就整整赚了1000多万元。

为什么大门的管理员会介绍客户区找赖淑惠，为什么赖淑慧能够第一时间知道要哪家要卖房的信息呢？

原因就在于，她将每个人都当成家人一样关心。赖淑惠在每天出门、回家路口大门的时候，总是会主动向当日值班的管理员打招呼，出差回家的时候总是会顺道带些当地名产聊表心意。

就这样，慢慢积累了人脉。尽管大门管理员是一个小人物，但是，小人物依然能够起很大的作用。很多人看不起小人物，认为小人物没有多大作用。其实，事实上完全不是这样。就像赖淑惠做的房产中介，很多生意都是管理员把客户指到她门口的。

提起比尔·盖茨相信很多人都知道，他一度成为世界首富，原因在哪里？很多人认为是因为比尔·盖茨掌握了世界的大趋势，以及他在电脑上的超凡的智慧等。比尔·盖茨成功的原因，除了上面说到的那些之外，还有一个最关键的因素，那就是比尔·盖茨的人脉资源是非常丰富的。

在比尔·盖茨创立微软公司的时候，他也仅仅是一个无名小卒，但是，正是人脉资源的帮助，让他在 20 岁的时候，签到了一份大单。我们不妨看一下比尔·盖茨的人脉资源。

**1. 比尔·盖茨亲人的人脉资源。**

在比尔·盖茨 20 岁的时候，他签到创办微软后的第一份合约，而这份合约的合作者正是 IBM，当时全世界的第一强电脑公司。

那个时候，比尔·盖茨还是一个在大学读书的学生，根本没有多少人脉资源，但是，为什么他能够跟 IBM 公司签约呢？原来，比尔·盖茨能够签到这份合约的重要原因就是因为一个中介人，而这个中介人，不是别人，正是比尔·盖茨的母亲。而比尔·盖茨的母亲当时就是 IBM 的董事会董事，妈妈介绍儿子认识董事长，这自然方面容易得多。而这一单生意，给比尔·盖茨带来了很大的发展空间。

**2. 合作伙伴的人脉资源也要懂得利用。**

比尔·盖茨最重要的合伙人是保罗·艾伦及史蒂芬。他们不仅将自己的聪明才智贡献给微软，他们的人脉资源也成为微软发展的重要因素。

**3. 国外的朋友也是比尔 · 盖茨重要的人脉资源。**

在日本，比尔 · 盖茨有一个非常好的朋友彦西，彦西让比尔 · 盖茨了解到了日本市场的特点，帮助比尔 · 盖茨找到了第一个日本个人电脑项目，从而得以进军日本的市场。

**4. 寻找优秀的人来为他工作。**

比尔 · 盖茨曾经说过："在我的事业中，我不得不说我最好的经营决策是必须挑选人才，拥有一个完全信任的人，一个可以委以重任的人，一个为你分担忧愁的人。"

总之，人脉资源是我们做事、创业等宝贵的财富，有效的人脉资源是我们最宝贵的资本，要像爱好金钱一样重视人脉资源，人脉资源是一个用之不尽的金矿。在美国，有句名言是这样说的："二十岁靠体力赚钱，那三十岁靠脑力赚钱，四十岁以后则靠交情赚钱。"

## 【课堂总结】

人脉是金，但是，人脉又贵于黄金。因为黄金有价，人脉是无价的。良好的人脉就是我们最在职场取得成功的重要资本。良好的人脉是我们事业成功和生活幸福的源泉，广泛的良好的人际关系，是我们做事事半功倍基础，是我们成功人生的必备因素，更是职场人士在职场立足和发展的重要内容！

# 学会吃亏，缔造良好的人际关系

对大多数上班族来说，身在职场就难免与人相处，很多人都只想着利益最大化，没有想到情义长久化。在别人困难的时候，应主动伸出援助之手，在同事需要的时候，要给予帮助。很多人怕吃亏，一点利益斤斤计较，一点困难掉头就跑，这样自然很难赢得同事的友情，人际关系只能是一句空话。

不怕吃亏，对任何人都应该如此，只有懂得吃小亏的人，才能赢得人际关系，广蓄人情，这样才会赢得别人的信赖和帮助，才能把事业做大，做事才会一帆风顺。其实，不管是大亏，还是小亏，吃点亏不要紧，人情在了，以后肯定会有成倍的回报。主动付出，看似是明处吃亏，实则为暗中得福。

我们都知道"红顶商人"胡雪岩的故事，他本来是一家店铺的伙计，经过小打小闹，逐渐成了浙江杭州一个小商人。虽然他只是一个小商人，但是，他善于经营，做人更是没得说，常常只是一些小恩惠就能把周围的人聚集起来，为他出力。

小打小闹自然不能让胡雪岩知足，因为他一直想成就一番大事业。他想得很长远，在中国，重农抑商是每个朝代的惯例，如果单纯地靠经商，出人头地太难了。而大商人吕不韦独辟蹊径，从商场到官场，相秦二十年，可谓名利双收，所以，胡雪岩坚定了自己走这条路子的信心。

当时的王有龄，不过是杭州一个非常不起眼的小官，有向上爬的志向，但是，他没有钱，在那个时候，没有钱就等于没有升职的敲门砖。当初，胡雪岩与王有龄只是略有交往。随着两个人交往的加深，他们发现两个人都有共同的目的，可以说是殊途同归。王有龄对胡雪岩说："雪岩兄，其实我也不是没有门路，只是囊中羞涩，想要升职没有钱是不行的。"胡雪岩坚定地说："我愿倾家荡产，助你一臂之力。"王有龄说："我富贵了，定然不会忘记胡兄的帮助。"

胡雪岩变卖了自己的部分家产，为王有龄准备了几千两银子。王有龄这才去京师求官，而胡雪岩则依然操其旧业，对别人的嘲笑一点也不放在心上。

几年之后，王有龄官至巡抚，亲自登门拜访胡雪岩，问胡雪岩有什么需要帮助的，胡雪岩说："祝贺你福星高照，我并无困难。"

但是，王有龄是个非常看重交情的人，当年胡雪岩的雪中送炭，他自然不会忘记。于是，利用职务之便，多方照顾胡雪岩的生意，胡雪岩的生意自然也是越做越好、越做越大。他也更加看重与王有龄的关系。

正是凭着能吃亏的这种功夫，胡雪岩迅速发展壮大起来，可以说是吉星高照，后来被左宗棠举荐为二品大员，成为清朝历史上唯一的"红顶商人。"

俗话说，"吃亏是福。"这句话的绝妙之处只有聪明人才能看懂。吃亏不要紧，重要的是赢得了人情，以吃亏来交友，以吃亏来得利，是一种非常高明而且富有远见的人才具有的办事技巧。

中国人做人做事讲究人情，你吃亏不要紧，你成了施者，他人就是受者，尽管从表面上来说，你吃亏了，他人得利了。然而，你却因吃亏，做足了人情，在友情、情感的天平上，你有了非常重要的砝码，这是多少金钱都难买回来的。

良好的人际关系不仅能使一个人和谐地融入群体，为群体所接纳，能使自己的知识和能力得到极大的拓展，而且是开展与他人合作，实现互惠互利伙伴关系的基础。为了使自己的努力获得最大成功，我们需要别人。所以，缔造良好的人际关系是我们职场生存和发展的一个重要方面，而且是一个不能忽视方面。

总之，学会吃亏，才能广蓄人情，才能慢慢建立起自己的关系网。一个能吃亏的人，在他人眼中是一个豁达、宽厚的人，这是比金钱更宝贵的财富，能够让他人心甘情愿地帮助你，为你办事。学会吃亏，这也是职场做人做事的一个重要秘诀，只有懂得吃亏，才能缔造良好的人际关系，而这也是赢得他人信任的关键，是升职加薪的重要因素之一。

## 【课堂总结】

对于每位职场人士来说，最大的财富就是人际关系，良好的人际关系是开启成功之门的金钥匙。为了让自己的努力换来更大的成功，我们离不开社会环境，离不开周围的人。所有成功的人都有一个共同的特性——他们都懂得如何有效地同别人打交道，缔造良好的人际关系。

# 第五章
## 不断提升你的个人能力

不知你们是否留意，虽然成功者与平凡者在外在形象上没有多少的差别，但是稍有眼光的人，一下就能分辨出他们的真正身份。这是什么原因呢？答案就是，成功者通过自己的言行举止表现出一种吸引人的气质，这种气质就像黑暗中的夜明珠一样闪烁着光芒。这种成功的气质，就是一个人的影响力，这种影响力就像磁铁一样，会吸引和影响别人。

# 深入挖掘潜能，一切皆有可能

我们知道，造成能力得不到正常发挥的主要原因是缺乏对自己能力的正确认识。这并不足为奇，一方面因为我们自小接受的教育，都是教我们怎样注意自己的缺点和错误。幼年时，长辈总是告诫我们这不能做、那不能做；上了学，每次考试的结果都是在告诉我们错了哪几道题；就业以后，工作做得好没人赞赏，一出了差错就立刻受到指正或斥责，难怪我们总觉得自己的能力有限。还有一方面的原因，就是有时高估了自己的能力。这并不是说我们没有能力达到预定的目标，而是说，由于我们高估了自己的能力，所以没有做好充分的准备，又不能坚持，因此惨遭失败。

成功和失败的人其实在能力上并没有很大的差异，但两者之间却有一条很大的分界线，那就是他们对于挑战潜能极限的渴望的差别。教育、知识、问题、成功、困难、挑战和你对人生的看法以及态度，这些要素组合是让你出类拔萃的主要原因。你具备潜在的能力以及特质，不管你的人生目标是什么，只要充分发挥这些潜能，就几乎都难不倒你。你主要的工作在于判断应该探索哪些才能，充分开发这些才能，并且让这些才能得到充分的发挥。以下这些方法，可以深入挖掘你的潜能，这样，一切奇迹都可能发生在你身上。

### 1. 拓展思想的疆域

唯一能够让你停滞不前的，是你在心理上为自己设下的限制，或是放任别人为你设下障碍，每个人绝对比自己所想象的还要好。探索你的内在潜能，意味着拓展心灵的疆界。如果你自我设限，那么自然无从发现内心深处丰富的潜能。把思想的格局扩大，超越眼前的疆界，深入内心，探索深层的潜能宝藏。每当你在决定什么事情的时候，把内心自我设限的疆界抛到一边，你的能力自然大受提升，而且表现也会跟着更加出色。

### 2. 提升进取心

养过鸭子的人都知道，鸭子有两种：一种是只会打水的鸭子，另外一种则是会潜水的鸭子。第一种鸭子只在池塘的周围、沼泽和湖畔的水面觅食，但是会潜水的鸭子则会潜入水底寻找水草上头的生物。其实人也可以这样分类，有些人安于现状，对于目前取得的成绩已经很满足，没有多大的进取心，他所具备的技能也只够应付一般的工作。但是"潜水型"

的人则不同，他们有强烈的进取心，会主动寻找冒险的机会，不断挑战自己的极限．因此，你得通过不断提升自己达到最理想的境界。光是安于自己的"舒适区"是无法让你达到这种境界的，你得专心致志地努力，以高标准要求自己，以提升自己的水准，督促自己超越目前的表现。

### 3. 去行动，才能赢得一切

光是知道是不够的，我们必须把所知道的事情应用到行动上来。一切的想法，只有通过行动去实践才有意义。真正有胆识追寻梦想、目标以及野心的人实在寥寥可数，因此能够成就的事业自然也相对受到限制。你越是积极启动这样的能量，所能够发现的成果自然就越加丰富。记住，明白了，就应该马上去做，只有行动，才能赢得一切。

【课堂总结】

如果你目前的成功和事业没有足够大，原因往往是因为你的心不够大——你要取得什么样的成功和事业，完全取决于你的企图心和潜能的挖掘。所以，成功从心开始，从解除自我设限，不断挖掘自身无限潜能开始。

# 逆境时，勇敢做积极力量的源头

面临逆境，通常会有两种人：一种是学鸵鸟，将脑袋埋入沙里，回避问题；另一种则是学猛虎迎面而上，直到将困难解决。有个故事很好地说明了这一点。

一位女儿对她智慧的父亲抱怨，说她的生命是如何如何的苦不堪言，自己已经无力承受。

做厨师的父亲，拉起心爱的女儿的手，走向厨房。他烧了三锅水，当水滚了之后，他在第一个锅里放进萝卜，第二个锅里放了一颗蛋，第三个锅中则放进了咖啡。狐疑的女儿望着父亲，不知所以然，只是静静地看着滚烫水中的萝卜、蛋和咖啡。

一段时间过后，父亲把锅里的萝卜、蛋捞起来各放进碗中，把咖啡过滤后倒进杯子。然后把女儿拉近，让她摸摸经过沸水烧煮的萝卜，萝卜已变软；他要女儿拿起那颗蛋，敲碎薄硬的蛋壳，蛋已经变硬；然后，他要女儿尝尝咖啡，女儿喝着咖啡，闻到浓浓的香味。

女儿惊讶地问："爸，这是什么意思？"

父亲解释道："这三样东西面对相同的逆境，也就是滚烫的水，反应却各不相同：原本粗硬的萝卜，在沸水中却变软变烂了；这个蛋原本非常脆弱，蛋壳内原来是液体，但是经过沸水后，蛋壳内却变硬了；而粉末似的咖啡竟然变成了水，而且改变了水的味道。你呢？我的女儿，当逆境来临时，你是萝卜、蛋，还是将令人痛苦的沸水变成了美味的咖啡？"

人生和工作中都难免会遇到这样那样的问题，就像故事中的萝卜、蛋、咖啡一样，有的人被环境所改变，有的人却改变了环境。但是，改变环境的人却寥若晨星，因为他们就像故事中的女儿一样，内心脆弱，对自己的力量缺乏自信和勇气，更害怕对抗逆境带来的痛苦。所以，成功的人往往是少数，因为只有勇者才敢于与逆境对抗，而且愈战愈勇。

很多的时候，真正能考验和磨砺一个人的正是恶劣的环境。"出淤泥而不染，濯清涟而不妖"，才是一个能够改变环境的人所具有的超强能量。毛泽东故意选择闹市读书就是一例，他就是想通过恶劣的环境考验和磨砺自己的意志，从而不断扩展自己的影响力，直到后来达到改变中国的超强能量。

也许有人会说，毛泽东是一代伟人，我们这些平凡之辈怎能望其项背。其实，平凡的人同样具有改变环境的超级能力，只是这种能量有一个不断增强的过程。

## 【课堂总结】

遇到问题和困难，通常会有两种情况：一种是学鸵鸟，将脑袋埋入沙里，回避问题；另一种则是学猛虎迎面而上，直到将困难解决。但是，现实生活中，大多数的人是前者，而后者却寥若晨星。工作难免会陷入低谷，这个时候你要敢于站出来，做影响所有人的源头。这样才可能抓住机会，脱颖而出。

# 从我做起，世界可能因你而改变

美国有位名叫布里居丝的女士，发起了一个叫作蓝丝带的运动，希望每一个美国人都能拿到一条她设计的蓝丝带，上面写着"我可以为这个世界创造一些价值"。她处处散发这样的丝带，鼓励大家把丝带送给家人和朋友，以感谢那些在四周的人。她也四处演讲，强调每个人的价值。结果因为这些丝带的传送，引发了许多感人的故事，也改变了许多人的命运。

其中有一个故事十分发人深省。

有一次这位女士给了一个朋友三条丝带，希望他能送给别人。这位朋友送了一条给他不苟言笑、事事挑剔的上司，他觉得上司的严厉使他学到了许多东西，另外他还多给了上司一条丝带，希望上司能拿去送给另外一个影响他生命的人。

上司非常地讶异，因为所有的员工一向对他是敬而远之。他知道自己的人缘很差，没想到还有人会感念他严苛的态度，把它当作是正面的影响，而向他致谢，他的心顿时柔软起来。

上司一个下午都若有所思地坐在办公室里，而后他提早下班回家，把那条丝带送给了他正值青少年期的儿子。他们父子关系一向不好，平时他忙于公务，不太顾家，对儿子也只有责备，很少赞赏。

他怀着一颗歉疚的心把丝带给了儿子，同时为自己一向的态度道歉，他告诉儿子，其实他的存在带给他这个父亲无限的喜悦与骄傲，尽管他从未称赞他，也少有时间与他相处，但是他是十分爱他的，也以他为荣。

当他说完这些话时，儿子竟然号啕大哭。他对父亲说，他以为父亲一点也不在乎他，他觉得人生一点价值都没有，他不喜欢自己，恨自己不能讨父亲的欢心，正准备以自杀来结束痛苦的一生，没想到父亲的一番言语打开了他的心结，也救了他一条性命。

这位父亲吓得出了一身冷汗，自己差点失去了独生的儿子而不自知。从此他改变了自己的态度，调整了生活的重心，也重建了亲子关系，加强了儿子对自己的信心。

就这样，整个家庭因为一条小小的丝带而彻底改观。如今布里居丝发起的蓝色丝带活动正在全世界传递着，同时也正在影响着全世界不同肤色的人们—整个世界都因一条蓝色丝带而改变。可见，一切皆有可能，改变世界并没有想象中的那么难。

改变环境，最根本的方法是从自我做起。韩国励志电视剧《大长今》很好地说明了这一点。一般人到了一个恶劣的环境中，大都首先会想着如何逃避，紧接着就是一有机会就唉声叹气。但长今从不抱怨，再苦再可悲的事降临时，她也会马上睁大眼睛—去发现可突破的机会。

当我们身在一个不好的环境时，我们听到更多的是埋怨，是退缩，是逃避。环境是可以改变的，而且方法相当地多，但是前提是先学着去改变自己。

【课堂总结】

我们每个人都身处一个环境，企业团队、家庭、朋友圈子、二人世界等等都是一个环境，如果你要让它们变得积极而充满活力，就要下定决心以自己为源头，用自己的影响力去影响它们。

# 全力以赴，一丝不苟

一位作家曾聘用一名年轻女孩当助手，替他拆阅、分类信件，薪水与相关工作的人员相同。有一天，这位作家口述了一句格言，要求她用打字机记录下来："请记住：你唯一的限制就是你自己脑海中所设立的那个限制。"

她将打好的文件交给作家，并且有所感悟地说："你的格言令我深受启发，对我的人生大有价值。"

这件事并未引起作家的注意，却在女孩心中打上了深深的烙印。从那天起，她开始在晚饭后回到办公室继续工作，不计报酬地干一些并非自己分内的工作，如替老板给读者回信等。

她认真研究成功学家的语言风格，以至于这些回信和自己老板一样好，有时甚至更好。她一直坚持这样做，并不在意老板是否注意到自己的努力。终于有一天，作家的秘书因故辞职，在挑选合适人选时，老板自然而然地想到了这个女孩。

在没有得到这个职位之前已经身在其位了，这正是女孩获得提升最重要的原因。后来，年轻女孩的优秀引起了更多人的关注，其他公司纷纷提供更好的职位邀请她加盟。为了挽留她，作家多次提高她的薪水，与最初当一名普通速记员时相比已经高出了四倍。

许多人无法培养一丝不苟的工作作风，原因就在于贪图享受，好逸恶劳，背弃了将本职工作做得完美无缺的原则。

## 【课堂总结】

工作一丝不苟，全力以赴，是受老板器重的利器之一。

# 具备一技之长，提升核心竞争力

在公司里，老板宠爱的都是那些立即可用并且能带来附加值的员工。老板在加薪或提拔下属时，往往不仅仅是因为其本职工作做得好，也不是因其过去的成就，而是觉得对他的未来有所帮助。要成为公司不可缺少的那个人，就得掌握一门专长，在你的工作中能发挥自己的专长和兴趣，从面提升自己的核心竞争力。

在巴黎一家豪华大酒店餐饮部里，有一名不起眼的小厨师。他没有特别的长处，做不出什么上得了大场面的菜，所以他在厨房里只能当下手，谁都可以说他两句。但是，他会做一道非常特别的甜点：把两只苹果的果肉都放进一只苹果里，那只苹果就显得特别丰满，可是从外表看，一点也看不出是两只苹果拼起来的，果核也被巧妙地去掉了，吃起来特别香。一次，这道甜点被一位长期包住酒店的贵妇人发现了，她品尝后十分欣赏，并特意约见了做这道甜点的小厨师。

贵妇人在酒店长期包了一套最昂贵的客房，虽然她每年加起来大约只有一个月的时间在这里度过。但是她每次到来，都会点小厨师做的甜点。酒店里年年都要裁员，经济低迷的时候，裁员的规模更大，而不起眼的小厨师却一直风平浪静。毫无疑问，贵妇人是酒店最重要的客人，而小厨师自然成了那个不可缺少的人。

有一技之长本身就说明个人的素质，尤其是在职业素质上超过一般人，如果能够创造一个恰当的环境，他无疑会成为企业的骨干，甚至成为老板们的得力助手。就价值而言，这些人的含金量很高，是企业蓬勃发展的重要依托。理所当然，这种人在企业当中，是不可替代的。

## 【课堂总结】

长江后浪推前浪，一代新人换旧人，这是发展的必然规律。但是，有很多的员工任凭别人来去匆匆，他们却稳坐泰山，岿然不动——他们在老板心目中的重要地位不可替代。

# 倾注热情，成就事业

身在职场，我们可以看到很多职场成功人士，在众多的成功人士的身上，我们都可以看到他们对生活对事业都充满了热情，就如同富有魅力的演员热爱舞台和观众，极具领导风范的企业家热爱他的企业和员工……可以说，热情是促使他们成功的动力，而如果没有了热情，那他们的事业也就成了镜中花，水中月。

可见，热情在某种意义上说，是一个人成功的重要内容，是一种彰显成功的力量。每一个成功的背后，都有热情的存在，每一位成功人士都拥有对事业的无限热情，而正是热情，推动了他们走向成功的步伐！

在美国标准石油公司曾经有一位推销员叫阿基勃特。他对工作充满了热情，作为一名推销石油的业务员，他无时无刻不再推销着自己的产品，即使他在出差住旅馆的时候，总是在自己签名的下方，写上"每桶4美元的标准石油"字样，在书信及收据上也不例外，签了名，就一定写上"每桶4美元的标准石油。"因此，他被同事们戏称"每桶 4 美元。"而他的真名却很少有人叫了。

当公司董事长洛克菲勒听说了这个人后说："竟有职员如此努力宣扬公司的声誉，我要见见他。"于是邀请阿基勃特共进晚餐。当洛克菲勒卸任的时候，阿基勃特成了第二任董事长。

在签名的时候署上"每桶 4 美元的标准石油。"这算不算小事？严格来说，这件小事根本不在阿基勃特的工作范围之内。但阿基勃特做了，并坚持把这件小事做到了极致。那些嘲笑他的人中，肯定有很多人的才华、能力在他之上，可是却没有几个人把爱业、敬业、勤业的热情化作一种有影响力的企业文化精神，最后，也只能是他成为董事长。

当一个人将自己的全部热情专注于工作的时候，即使是最乏味的工作，也一样能够做的饶有兴致。当一个人把自己的全部热情都用在工作上的时候，热情就转化成为他工作的动力，工作起来自然游刃有余，成功也在向他靠近。

一位著名的金融家有一句名言："一个银行要想赢得巨大的成功，唯一的可能就是，他雇了一个做梦都想把银行经营好的人做总裁。"所以说，当一个人投入全部的热情在工作上，他就等于在不断接近成功。

罗宾·霍顿是华盛顿哥伦比亚特区紧急安全保卫机构的创始人，他可以说是一个对工作饱含热情的楷模。尽管对别人来说，霍顿的收入颇丰，但是，霍顿却认为，她喜欢的是她所从事的工作，这一点远比金钱更为重要。她所创办的这家企业主要是为工商界、联邦政府和居住区的客户设计和安装保安系统。

霍顿对工作有着极大的热情。她喜欢因自己能确保客户的安全而获得的满足感。"我知道我在保护人们。"她说到，"我在拯救人们的生命，我使他们能够在自己的企业或者家里不用担心会有什么危险，他们可以高枕无忧。"在她的心中，始终想的是如何给别人提供安全保障。这种对工作的热情，也成为她获得成功重要的因素。

巴甫洛夫曾说过："要有热情，你们要记住，科学需要一个人贡献出毕生的精力，假定你们每人有两次生命，这对你们来说还是不够的。科学要求每个人有紧张的工作和伟大的热情。希望你们热情地工作，热情地探索。"

热情，可以让我们在工作中发挥出蕴藏着极大的力量，而这力量足以让我们看到成功的奇迹。对职场人士来说，热情是成就事业的基石，是成功的动力源泉。有了热情，我们才能更专注于我们的工作，有了热情，我们才能在职场获得更大的进步，有了热情，我们才会学到职业范围内的更多专业知识，这对我们的职场生涯来说，无疑是一笔巨大的财富。只有倾注我们对工作的热情，我们才能让我们的事业取得更大的成功！

## 【课堂总结】

热情，可以让我们在工作中发挥出蕴藏着极大的力量，而这力量足以让我们看到成功的奇迹。对职场人士来说，热情是成就事业的基石，是成功的动力源泉。有了热情，我们才能更专注于我们的工作，有了热情，我们才能在职场获得更大的进步，有了热情，我们才会学到职业范围内的更多专业知识，这对我们的职场生涯来说，无疑是一笔巨大的财富。只有倾注我们对工作的热情，我们才能让我们的事业取得更大的成功！

# 是高手，就把自己逼向擂台

生活中常有这样的情况：有的人做了很多，但升迁、加薪的往往不是他。如果老板看不到自己的工作成绩，确实是件相当郁闷的事情。面对这种情况，有的人非常自信，认为只要自己努力工作，总有一天老板会明白；有的人选择随遇而安，并不是很介意；有的人则比较消极，甚至有了"破罐子破摔"的想法。那么，在老板迟迟未能看到你的成绩时，该怎么办呢？跳槽，选择新的环境？无用！在新的单位，你可能遭遇同样的际遇。一味地坚持埋头苦干？无用！仍然只会一如既往地被"冷藏"。

在报纸上看到过一个真实的故事，过目难忘。

有一个超级富豪破产了，进行财产拍卖。超级富翁家里的东西，当然大多是价格昂贵的，但是，当拍卖到最后一件小提琴时，拍卖师自己都笑了。他想这玩意儿，肯定卖不了什么价钱。于是，他略带戏谑地对台下竞买的人说："这玩意儿，200 美元有人要吗？"

台下的人一片沉默，只是摇头。

"100美元呢？"拍卖师觉得是意料中的事情，语气平静。

台下仍然一片沉默。

"50美元呢？"拍卖师显然有一丝无奈了。

"慢着！"拍卖师的话音刚落，那位富豪走了上去说，"先把小提琴还给我！"

富豪从拍卖师手中接过小提琴，就忘情地拉了起来，对周遭的一切视若无睹。当悠扬动听的琴声缓缓淌入大家的耳际时，大家被琴声陶醉了，直到琴声停止才如梦初醒。

富豪默然将小提琴递给了拍卖师。这时，台下响起了争先恐后的竞买声：

"我出5000美元！"

"我出1万美元！"

"我出3万美元！"

……

最后，这架原来不被看好的小提琴，竟然以5万美元成交。

一个人再有能力，如果你不选择在适当的机会表现出来，别人就会把你当作平庸之人。这就像一个武林高手，如果总是远离竞技的圈子，远观比赛的擂台，你的"武林高手"的称谓似乎永远只是虚名或是自封。

有位企业家说过："如果你具有优异的才能，而没有把它表现在外，这就如同把货物藏于仓库的商人，顾客不知道你的货色，如何叫他掏腰包？各公司的董事长并没有像 X 光一样透视你大脑的组织。"可见，面对被"冷藏"的际遇，最好的办法就是通过各种方法，策略性地自我推销。如此才能吸引领导们的注意，从而判断你的能力。

张莉所在的公关部原定只有七人，注定有一人迟早被裁，加上部门经理位置一直空缺，如此便导致了内部斗争日益升级，进而发展到有人挖空心思抢夺别人的客户。

张莉不喜欢这样的氛围，她只知道老老实实做事，甘当人人背后称道的无名英雄。她始终默默无闻，只管付出不问收获，出了名的逆来顺受，当然也就成为被裁掉的最好选择。尽管论学历、论工作态度、论能力和口碑，她都不错，但她一直没有好好地在老总面前表现自己，老总也一直以为她没有什么能耐。

接到人事部提前一个月下达的辞退通知之后，张莉好像当头挨了一记闷棍一般，半天也没回过神来。她怎么也没想到，自己两年多的努力不仅没有得到承认与尊重，反而得到的是被裁的待遇，她实在有点不甘心。

有一天，一个和公司即将签约的大客户提出要到公司来看看。这家客户是一家大型合资企业，一旦和这家大客户签下长期供货合同，全公司至少半年内衣食无忧。来参观的人中有几个是日本人，并且还是这次签约的决策人物，这是公司没有想到的。见面时，因双方语言沟通困难，场面显得有些尴尬。就在公司老总颇感为难之际，张莉不失时机地用熟练的日语同日本客人交谈起来，给老总救了场。张莉陪同客人参观，相谈甚欢。她凭借自己良好的表达能力和沟通能力、丰富的谈判技巧和对业务的深入了解，终于顺利地签下了大单。

张莉随机应变的表现能力，以及熟练的日语会话能力，让老总对她大加赞赏。她在老总心目中的分量也悄悄发生了变化。一个月后，张莉不仅没有被辞退，还暂时代任公关部经理。

记住，是高手，就把自己逼向擂台，该出手时就出手，抓住机会，主动出击，在决定你命运的人面前，适时地抖出你的绝活。

## 【课堂总结】

所谓高手，不仅要能干，还要能说、能写，善于利用和创造机会让别人了解自己。总而言之，人的才能需要表现，只有善于推销自己，才能获得更多的机会。

# 每天多做一点点，机会多数倍

在一望无际的草原上，有只狮子不停地奔跑，但是前方却没有猎物。有人问它为什么要奔跑，狮子说："只有跑得比猎物快，才能获得食物。"同样，一只小鹿也在独自奔跑，有人问它为什么奔跑，小鹿说："只有跑得比其他鹿快才能不被吃掉。"

故事告诉我们：不论你是强者还是弱者，只有先行一步，不断地努力，超越他人，才能在这个社会上生存。华人首富李嘉诚说："成功的秘诀就在于比别人努力两倍。"日本著名企业家堤义明也说："要成功的话，需要比别人努力三倍。"

爱因斯坦的一生就是在他的实验室里不停地工作，他经常把晚饭带到实验室吃，再接着工作到晚上 11 点或 12 点。两年里他只去过两次剧院，他几乎不出现在任何社交场合。

如果不是你的工作，而你做了，这可能就是机会，因为机会总是乔装成"问题"的样子。顾客、同事或者老板交给你某个难题，也许正为你创造珍贵的机会。

拿破仑·希尔说过："如果你愿意提供超过所得的服务

时，迟早会得到回报。你所播下的每一颗种子都必将会发芽并带来丰收。而且，无论你是员工还是公司老板，多做一点点就会使你成为公司里不可缺少的人物。"因此，我们不应该抱有"我必须为老板做什么"的想法，而应该多想想"我能为老板做些什么"。

如果你是一名货运管理员，也许可以在发货清单上发现一个与自己的职责无关的未被发现的错误；如果你是一名邮差，除了保证信件能及时准确到达，也许可以做一些超出职责范围的事情……这些工作也许是专业技术人员的职责，但是如果你做了，就等于播下了成功的种子。

最常见的回报是晋升和加薪，除了老板以外，回报也可能来自他人，以一种间接的方式来实现。无论你是管理者，还是普通员工，"每天多做一点点"的工作态度能使你从竞争中脱颖而出。你的老板、委托人和顾客会关注你、信赖你，从而给你更多的机会。

### 【课堂总结】

全心全意、尽职尽责是不够的，还应该比自己分内的工作多做一点，比别人期待的更多一点。如此可以吸引更多的注意，给自我的提升创造更多的机会。工作比别人努力一点点，学习比别人多一点点，提升就会多一点点，这一点点却让你与对手有着天壤之别。

# 要脚踏实地，不要好高骛远

工作本身是没有贵贱之分的，所有正当合法的工作都是值得尊敬的。所以，不管目前你在做什么工作，都应该懂得珍惜，要脚踏实地地去工作，而不是好高骛远，总想一步登天。即使在平凡的工作岗位上，依然藏着极大的机会，只要你肯脚踏实地去做，最终一定能成就自己的梦想。

当今时代，经济飞速发展，万事变幻莫测，人心也会变得浮躁。但是请记住，万事万物的真谛永远不会变，坚持循序渐进，持之以恒的努力，永远是筑就人生辉煌的基石，在这样的时代，谁能静下心来踏踏实实做事，诚诚实实做人，那么谁就会与众不同，谁就能脱颖而出。

甘蝇是古代非常有名的神射手，只要他刚一拉满弓，野兽就会倒在地上，飞鸟就空中掉下来。徒弟飞卫跟着甘蝇学射箭，最后射箭的技巧还超过了他的老师。而后有个叫纪昌的人，又跟飞卫学射箭，飞卫就教导他说："你应该先学会盯住一个目标不眨眼，然后才谈得上学射箭。"

　　纪昌将老师的话铭记于心，等回到家后，他就仰面躺在妻子的织布机下，两眼盯着织布机的脚踏板。这样苦练两年之后，即使锥子尖快刺到他的眼睛时，他的眼睛也不会眨一下。纪昌把这个成绩告诉了他的老师飞卫。飞卫说："仅仅这样还不够，你还必须进一步练习眼力，要练得看小的东西像看大的东西一样，看细微的东西像看非常明显的东西一样，等你练到这种程度时再来告诉我。"

　　纪昌回家后，就用牦牛尾巴上的长毛系了一只虱子挂在窗口下面，纪昌面向窗口望着这只虱子，十天间，纪昌看见虱子逐渐变大了，这样苦练了三年后，纪昌看那只虱子就像车轮那么大。再看虱子以外的东西，就像看见山丘一样了。于是，纪昌就用燕国的牛角造的弓，搭上用北方的蓬竹造的箭杆，向窗口用牦牛尾巴上的长毛系着的虱子射去，箭从那虱子的心中穿过去，而悬挂虱子的牦牛毛却没有断。纪昌把这样的成绩告诉了老师飞卫。飞卫非常高兴，抚拍着胸脯说："你已经把射箭的门道真正学到手了！"

　　在纪昌学射这个故事中，我们看到飞卫教纪昌学射，是循序渐进的，一开始，飞卫要求纪昌先要学会不眨眼，纪昌勤学苦练了二年，练到锥子快刺到他的眼里，也不会眨一下眼睛的程度；然后，飞卫又教导纪昌，要进一步锻炼眼力，于是纪昌又练了三年，练得望见悬挂在窗户下的小虱子像看见了一个车轮那样大的程度，这说明了无论学什么技艺，都要从学习这门技艺的基本功入手，循序渐进，锲而不舍地进行基本功的训练。

凡事只想一蹴而就，用一朝一息的努力便获得真本事，这是懒惰者的幻想，这种想法在当今这种讲究实力与能力的年代是根本行不通的。在职场上我们常常钦佩和羡慕那些拥有真本领的同事或是上司，其实真本领的获得都是通过他们持之以恒的努力换来的。所以，如果你也想拥有过人的智慧，出众的才华，过人的本领，那么就只能通过持之以恒的努力换取，因为这里是没有捷径可走的。

富兰克林说："实和勤勉，应该成为你永久的伴侣。"同样也有句古话："人而无信，未知其可。"的确无论对于一个人还是对于一个企业来说，诚信是立世之本，可谓"人无信不立，市无信则乱。"

凡事都要脚踏实地去做，不驰于空想，不骛于虚声，而唯以求真的态度作踏实的工夫。以此态度求学，则真理可明，以此态度做事，则功业可就。

一只饥饿的狐狸整天东游西逛，总想不捞而获，它非常懒惰，它不想象其他狐狸那样到大森林里捕杀猎物，于是她逛来逛去，发现一个养殖场有不少小鸡，它高兴地跳了起来，但遗憾的是鸡场门口有一只狗在守护着，使它无法得手。狐狸只好四处转悠，想伺机下手，可是这只狗非常认真，始终没有放松的样子。

狐狸很无奈也很饿，于是只好满脸堆笑地走过去，跟狗打招呼说："啊，狗大哥，你可真是死心眼儿，整天守着鸡舍多辛苦啊，还是回去休息吧！"狗瞥了狐狸一眼说："我不休息，因为我要保护鸡舍，这是我的职责！"狐狸又笑嘻嘻地说："瞧那些小鸡多灵活，它们已经能够保护自己了，你不用再多管闲事！再说你这么负责任地保护它们，它们也不一定会感激你，何必呢。"狗说："我不需要它们的感激，我只是在尽我的职责，我是在为自己做事，不是为它们！"

狐狸大失所望，就恼羞成怒喊道："你以为自己是什么呀，整天无所事事地放着正经事不做，还是做点正经事吧，别在这里浪费时间了！"狗严肃地说："我整天无所事事是为了更好地维护正义，而不是东游西逛想着要捞点什么好处，请不要把我的无所事事与你的东游西逛等同起来，我们的行动虽然性质相同，但本质不同，不能相提并论！"

在职场上，人们处在不同的职位上，承担着不同的职责，这是人人明了的道理，况且出色完成自己的分内工作也是能鼓舞自己的自信心，证明自己能力的有效途径，但是有些人却不能认清这个道理，不但不能积极乐观地完成自己分内的工作，反而让工作牵着鼻子走，自然也就不能有什么好的工作业绩。所以，只要你能变被动为主动，相信你一定会有好的工作业绩！

## 【课堂总结】

很多时候我们这些小人物们看到的都是大人物们创造的大事业，但是，你也要知道，这些大人物也曾经是小人物，他们的大事业也曾经是些小事业，但是他们最终干成了大事，成为我们的偶像。那么，他们成功的秘诀是什么呢？那就是勤奋做事，诚实做人，一步一个脚印，做好小人物成就大人物，做好了小事业也就成就了大事业！所以，不要再临渊羡鱼了，一步一步地耕耘，一步一个脚印地前进，相信你也将迎来你事业的辉煌！

记住：踏实做事，方能稳步前进！

# 学会识人，看透人心

在职场中，不管是处世还是为人，识人之术都是非常有必要掌握的一种本领。一方面可以避免受到他人的伤害，另一方面可以借助他人帮助自己。识破他人的计谋，你可以在世间运转得更为顺畅，无论是工作还是生活，都将如鱼得水，逍遥自在。

识人是用人的第一步，但是，识人并不是那么简单，善于伪装的大有人在，只有透过其表象窥见其内心的本质，了解对方的真心，掌握其内心的本质，才能够最终在汹涌的人流中找到值得依靠且能够为我所用的良才将士。

古语有云："以貌见人，失之子羽。"大意是说，单看一个人的外表是很难判断他的品质和能力的，即使得出结论也有可能是不准确的。但是，要想在官场或是职场中游刃有余地行走，就必须学会通过外貌鉴别对方，进而再结合他的行为了解这个人的内心。

厚黑学中，并不是单纯地通过外貌去了解一个人品质的好坏，而是通过他的外在行为和性格特点以及心术等因素，看透他内心的真实想法。

三国时期蜀国的大将魏延在战败之后，向刘备投降，诸葛亮看到魏延脑后有反骨，便决定将其处死，但是碍于众人为他求情，所以，就决定将魏延留下来，但是，诸葛亮对此人一直心存怀疑。

魏延鉴于诸葛亮的威严，对诸葛亮十分惧怕，所以行起事来也十分"乖巧。"对诸葛亮的吩咐向来是毕恭毕敬。但是，随着诸葛亮病情的加重，蜀国便再也没有人能够控制他，这个时候，他骄横的性格和张扬的面目便日益显露起来。

一日清晨，魏延想起昨夜做的一个梦：他梦见自己的头上突然长出了两只角。对于这个梦境，他觉得好像有着某种特别的寓意。当他听说行军司马赵直来时，便请他人寨中，以询问的语气说道："我早就听说你通晓《易经》，所以想请你帮我算一下昨夜做的这个梦。自己头上忽然生出两个角来，这是厄运还是吉兆，麻烦你帮我解释一下。"

赵直望着魏延殷切的目光，半晌之后，说道："这是大吉之兆。鹿麟头上有角，苍龙头上也有角，很明显，这是即将飞腾的迹象。"

听到赵直这么说，魏延非常高兴，然后激动地对赵直说："先生的话，如果应验了，魏延定当重谢！"

不久之后，费祎来到魏延寨中，警惕地说："有要事相告。"

于是魏延命左右退下。费祎说道："昨夜三更，丞相辞世了，他临终前让你断后，缓缓退兵，并且一再强调千万不要走漏消息。"

听到这话，魏延沉思片刻询问道："如今军中谁代理丞相一职？"

费祎回答说："丞相临终前，将政务全部委托给杨仪，将用兵密法全部传予姜维。"

一听政务全部交给杨仪处理，魏延心中顿时非常不高兴，于是，他说："丞相虽然辞世了，但是我还在，自从我跟随丞相以来，南征北战，东挡西杀，战功数不胜数，论资历和能力，我都在杨仪之上。他算个什么东西？只不过是区区的长史罢了，丞相一职怎么能够由他担当呢？在我看来，杨仪只适合为丞相护送灵柩，入川安葬丞相。你现在回去告诉杨仪，我做事不用他来指手画脚，一段时间后，我自己会率领大军攻打司马懿，并且一定能够取得胜利。再怎么样也不能因为丞相一人的仙逝而废弃了国家大事啊！"

看着魏延一脸的傲气和无礼，费祎生气地说："丞相临终前，嘱咐我们暂时不出兵，而应该撤退，这是命令，不许违抗！"

魏延勃然大怒地说："如果当初丞相依照我的计策行事，现如今长安早就攻下来了。我现在的官职是前将军、征西大将军、南郑侯，论官位要比杨仪大许多倍，怎么能够让我为其断后呢！"

诸葛亮临终之前曾经嘱咐过费祎，说魏延这个人心术不正，一直想着造反。这个时候，费祎心想不如先稳住他，日后再做打算，于是便对魏延说："你说的话不错，但是丞相刚走，我们切不可轻举妄动，以防扰乱军心，使敌人有可乘之机。等我见到杨仪时，会动之以情、晓之以理地劝服，让他自愿将兵权转让给你，你看这个办法如何？"

魏延听到费祎这样说，这才满意地点点头，算是答应了。

费祎辞别了魏延，从大寨中走出时，正巧迎面看见了赵直。赵直便慌乱地将他拉至无人处，对费祎说："我方才到魏延营中，他对我说昨夜梦见自己头上忽然长出两只角，并且还让我帮忙预测吉凶。我见他十分无理，便谎称说这是一个吉兆，是变化飞腾的迹象，其实，这是一个不吉利的征兆，但是我怕说了实话他见怪，所以就将计就计，骗了他一回。"

费祎迷惑不解，问道："你怎么知道这是个凶兆呢？"

赵直说："这个'角'字，上边是由'刀'，下边是由'用'组成的，合起来是'刀'下'用'，头上用刀，这是非常不吉利的！"

此时，费祎才恍然大悟，并对赵直说："这个是秘密，千万不要走漏了风声。"

费祎辞别了赵直之后，便匆匆拜见杨仪，将方才与魏延的谈话内容和赵直为魏延解析的梦境如实地一一叙说。当杨仪得知魏延有造反之心时，便亲自先行率领兵马护送丞相的灵柩，然后命令姜维为其断后，徐徐而退。

当魏延得知杨仪和姜维的大军已经撤退时，顿时勃然大怒，于是派人烧了栈道，并且率军前来拦截。两军对峙时，一向自以为是的魏延认为，自诸葛亮过世之后，天下并没有任何人能够阻碍他，所以便提刀按辔，在马上大声叫道："大胆杨仪、姜维，还不速速下马请罪，把兵权还给我！"

杨仪提马上前，大声地对魏延说："丞相在世时，就已经预测出你日后必将造反，所以，一再嘱咐我要提防你，今天，果然应了丞相的话。如果此时你敢在马上连喊三声'谁敢杀我'，我们便承认你是真正的大丈夫，我便立即献上相印。"

此时，魏延的笑声回荡在两军上空，他说："杨仪，你这个匹夫听着！孔明在世的时候，我怕他三分，现如今他死了，天下便没有我魏延的对手！别说连续高呼三声，就是连续呼三万声，又有什么难的！"只见魏延提刀立马，仰天大叫："谁敢杀我？"一语未了，脑后便有一人厉声应道："我敢杀你！"只见此人手起刀落，瞬间魏延的人头便从马上滚落在地。在场的所有人都骇然了，定神之后，才看到斩魏延的人是大将马岱。

原来，神机妙算的孔明在临终之前就已经算到魏延会有今天，所以便暗中授计于马岱，命他如此这般。

有些人在做事之前就已经开始吹牛，口出狂言，唯恐天下不知道他的存在，这样一来，办事情的主动权就转移到了别人的手中，相反，那些在事成之后再相机而动的人，主动权就在他们自己手中，而不在别人手中了。

身在职场更应该这样，我们做任何事情都应该以谦虚的态度、正直的品德赢得人们的尊重，而不应心怀叵测搞阴谋诡计，否则势必没有好的结局。一个人的所思所想总会通过他的外在行为表现出来，所以，只有善于用犀利的眼光把人看透，才能更好地驾驭人才。切忌不要单依靠五官来判断一个人，而应该通过人面窥测出其内心的真相。

## 【课堂总结】

学会识人，看透人心，不仅仅是领导者应该掌握的一种技能，作为一般的人士，更要有识人之能，认清自己的同事、领导以及下属，只有这样，才能避免在职场的利益角逐中处于劣势，只有这样才能真正发挥一个团队，一个组织的全部潜能，为公司做出贡献，为自己争取更多的利益。

# 学会隐藏自己的弱点

每个人都有弱点，只是大多时候，有的人弱点比较隐秘，如果不深入了解是很难找到的。但是，有的人弱点就写在自己的脸上，很容易就被人发现。这其实是一种非常危险的表现。特别是在竞争激烈的职场，如果一旦被人发现了弱点，就会很轻易地被人利用。

梁军是一个非常热情的人，在一家公司的小组里担任组长。张钰是最近来到小组的一个新同事。因为刚到公司的缘故，梁军手把手地教张钰业务上的事情。

这样，两个人在一起沟通的时间相对比较多，张钰很快知道，梁军是个非常热心的人，而且为人仗义耿直。如果有什么为难的事情，他宁愿为难自己也不为难别人。

而张钰由于刚进公司，所以对业务非常陌生，做起事来很慢。很多时候，别人已经下班很久了，张钰没有完成任务，不能走。这样，梁军也常常留下来帮助张钰，因为张钰有什么不懂的地方，梁军还得指导她。

有一次，张钰哭着对梁军说："组长，都是因为我太笨了，所以连累你。"梁军看见张钰哭就说："不要这样说，你也不是故意的，你也是想把工作做好啊。"谁知道张钰哭个不停，梁军看见张钰这样，就问："你有什么为难的事情吗？"

张钰摇了摇头，但还是在哭。

梁军说："没关系，你说吧。有什么事情，我能帮你解决的就一定帮你解决。"

张钰哽咽着说："组长，我是新人，本来应该多学习一点业务。我也知道我自己做事比较慢，但是这件事情发生以后，我真的是非常为难啊。"

梁军说："你说吧，能解决我一定会帮你的。你放心，不要难过。"

张钰说自己的一个朋友因为生病需要照顾，而自己天天加班到很晚，想照顾朋友也没有办法，她看见朋友生病一个人，也没有人在身边照顾就觉得非常难过。但是，工作上的事情也不能耽误，所以就非常为难。

梁军听见张钰这样说，毫不犹豫地说："反正到了下班的时间，留下的工作也不多了，如果不是什么重要的事情，就交给我，我处理会快一些。你先去照顾你朋友吧。"

张钰听见梁军这样说，自然对梁军表示感谢。但是，张钰留下的工作却非常多。为了做完张钰留下的工作，梁军经常很晚才回家。梁军的妻子很生气地说："你天天回家这样晚，不如住在公司好了。"

梁军没有办法，因为张钰是新人，又遇到了这样的事情，梁军也不好说她，他是宁可自己为难也不让别人为难的人。所以，梁军在张钰照顾朋友的这段时间里，只得一个人做两个人的工作。

有一天，副组长到梁军的办公室说："组长，我想和你说一件事情，我觉得你根本就是被人家利用了。"

梁军看着副组长，却不知道副组长所说的是什么意思。

副组长说："组长，你为什么要天天帮助那个新人张钰处理工作上的事情呢？如果她不锻炼，是不会有进步的。你到底是因为什么啊？"

梁军于是把张钰说的事情跟副组长说了一遍，副组长叹了一口气说："我猜得果然没错。有一天下班以后，我和朋友在一起吃饭，看见她和几个人也一起到饭馆吃饭。随后的几天我都特别留意她，我发现她经常在下班以后和别人去吃饭或逛街，哪里去照顾什么病人啊。"

梁军说："你一定是看错了，这个小姑娘不会这样做的。"

副组长摇着头说："我觉得，你根本就是被她利用了，她肯定早就看出你是个热心的人，而且为人又耿直。你如果不想我说的话，你可以现在就把她叫来问一下。"

梁军并没有问张钰什么，他只是暗中做了一下调查，发现事情果然像副组长说的那样。梁军了解了事情的真相以后，才明白原来张钰就是利用他的耿直热情、不喜欢为难人这些弱点，不愿意加班才想出这样的主意，让梁军帮自己加班。

当然，梁军最后找张钰谈了一下这件事情，张钰虽然也承认了自己的错误，但是态度并不是很诚恳。梁军没有办法，因为他已经帮张钰加了半个月的班，但是也不能因为这样就算张钰旷工，因为张钰从来都没有上班迟到或者下班早退。张钰对梁军保证说自己以后再也不会做这样的事了，但是，梁军已经吃亏在先了。

在现实生活中，利用别人性格上的弱点来达成目的的人有很多。在职场中，这样的人同样也绝非少数。很多人由于一不小心让人发现了自己的弱点，很容易被人利用，而弱点一旦被别人发现，吃亏的就只能是自己。而且。大多时候，哪怕自己吃了亏，也拿算计自己的人没办法。所以，为了不被人利用，最好的办法就是隐藏好自己的弱点。

## 【课堂总结】

每个人都有弱点，这是不可避免的，但是，并不是所有的弱点都要让人知道。尤其是在职场，同事之间是合作和竞争的关系，这就更需要我们保持谨慎，避免暴露自己的弱点，以防止被不怀好意的人利用，让自己吃亏。就像那句话说的"没有永恒的朋友，没有永恒的敌人，只有永恒的利益。"很多时候，隐藏自己的弱点，也是对自己的一种保护，这也是职场人士应该明白的一点。

# 不做过河拆桥的事情

在任何时候，那种过河拆桥的时候都不要做，任何一个人，都对这样的人非常痛恨，如果你不想成为别人的眼中钉，那这样的事情最好不要做。在职场中也是如此，同事间的交往不是为了交往而交往，而是为了工作而交往，为了利益而交往。所以，在与同事相处的过程中，千万不能做过河拆桥的事情。

在职场，老板和上司可以说是你明处的贵人，而同事则是你暗处的贵人，对任何一个人来说，要想在职场上有所作为，一方面要想办法得到上司的赏识，另一方面还要想办法得到同事的支持。在职场上，没有谁的成功不需要别人的协助，没人是孤立的，要想取得成功，离不开他人为自己的修桥铺路，所以，过河拆桥的时候千万不要做。如果过河拆桥，翻脸不认人，那么势必会把自己陷入不仁不义的境地，这样的人要想在职场上大有作为，是不可能的。

李强和林俊两个人从小一起长大，又在同一所大学毕业，最后还进入了同一家公司工作，是一对多年的朋友。他们俩不仅能够长年友好相处，在工作中还相互帮助，同事们非常羡慕他们。

有一次，公司准备提拔一名年轻人做办公室主任，李强和林俊都是候选人。他们在公司里实力不相上下，人缘都比较好。上司也一时拿不准到底任命谁为主任好，因为他们俩就像是自己的左膀右臂，失去了其中任何一个，对他来说都是一种重大的损失。

有一天，经理把李强叫进办公室，告诉他公司初步决定在他和林俊中选一个人接任办公室主任。尽管，李强很开心，但是一想到竞争对手是自己从小一起长大的林俊，心里就有些犹豫不决。他知道，两个人一旦展开这场竞争，不管是对自己还是林俊，都是一种伤害，两个人最后可能连朋友也做不成。于是，他就向经理推荐了林俊。他对经理讲了林俊的很多优点，并坦诚地道出了自己在很多地方不如林俊的事实。

经理听了很受感动，于是就决定让林俊出任办公室主任。林俊被任命为办公室主任后，开始由于不知道自己的竞争对手就是李强，所以在工作上，一直把李强当作亲信，与李强的关系如以前那样。

有一天，办公室的一个下属到林俊那里告密，说在任命他为办公室主任前，李强曾经到经理那里"密谈"过。林俊后来问李强是否有这件事。李强照实说了。但是，林俊不相信，认为李强有可能在背后搞鬼。于是，林俊就开始疏远李强，开始挑李强工作中的毛病。此外，林俊还扶植了一批自己的亲信，怂恿他们对李强产生敌意，鼓励他们在工作上把李强的风头给压下去。

谁知过了一年，经理却要将李强调到另一部门担任主管。在向林俊征询意见时，林俊居然说李强不适合做部门领导，为人心胸比较狭窄，工作中老是摆自己是功臣的架子……

经理一听，马上意识到林俊是那种"过河拆桥"的人，以前对他的好感和信任，一扫而光。

几天之后，公司的正式任命下来了。让林俊大吃一惊的是，经理还是将李强调到了那一部门当主管。后来，林俊才明白，经理和他谈话后，又私下找李强谈过话。经理和李强谈话时，含蓄地谈到了林俊担任主任期间的一些工作情况。李强对林俊的评价非常中肯，而且认为经理当时提拔林俊是慧眼识英才，是英明之举。

经理对恩将仇报、过河拆桥的人非常痛恨。经理想：林俊如此般地对待和自己一起长大读书的老朋友、把职位让给他的同事又怎么能够保证他以后不会如法炮制对待自己呢？

有这样一个人在自己身边，那不就等于埋下了一个随时可能爆炸的炸弹吗？这种人然不适合继续在公司待下去。于是，经理借一次工作失误，解雇了林俊……

　　对任何一位职场人士来说，在职场打拼，都是不容易的。一个人的成长和成功离不开同事的帮助，上司的指点。如果，一旦做了过河拆桥的事情，失去的不仅仅是同事的信任，更会让上司感到如芒在背，倒霉的最终还是自己。所以，身在职场，千万不要做这种不仁不义的事，这样做的结果，只能让自己的职场生涯提前与辉煌告别。

【课堂总结】

　　对任何一位职场人士来说，在职场打拼，都是不容易的。一个人的成长和成功离不开同事的帮助，上司的指点。如果，一旦做了过河拆桥的事情，失去的不仅仅是同事的信任，更会让上司感到如芒在背，倒霉的最终还是自己。所以，身在职场，千万不要做这种不仁不义的事，这样做的结果，只能让自己的职场生涯提前与辉煌告别。

# 尊重你的竞争对手

尊重敌人，其实就是尊重我们自己。因为在敌人眼里，我们也是敌人。竞争对手也是一样，只有懂得他人，才会得到他人的尊重。尤其是在职场，同事之间除了竞争关系，还有相互合作的关系，只有和同事相互尊重，精诚合作，才能换来双赢的局面，不然，彼此互相拆台，只能落得两败俱伤。

有这样一个故事：

一天，上帝对一个盲人、一个跛子以及两个壮汉说："你们沿着这条路一起出发，谁先把成功之门打开，想要什么我都将满足他。"

两个壮汉看了看盲人和跛子，嘲讽道："你们也配去打开成功之门，简直是天大的笑话。"

上帝一声令下，比赛正式开始了。

只见两个壮汉拔腿就跑，其速度之快，犹如风驰电掣。而盲人因为眼疾，只能一步一个试探地前行。跛子虽然明确前方的目标，却也只能以缓慢的速度向前跑。

经历了无数坎坷磨难之后，盲人和跛子达成了一项协议：

两个人取长补短，互帮互助共同到达终点。达成共识后，盲人背起了跛子，成了跛子的腿，跛子给盲人指路，成了盲人的眼睛，就这样，他们一步步向成功的大门逼近。虽然壮汉在前面遥遥领先，但盲人和跛子始终坚持着前进的信念。

很快，两个壮汉临近了终点，盲人和跛子看来是没有希望了。

然而，就在这时，一个壮汉突然停了下来，狠狠地将另一个壮汉推倒在地，自己又向前跑去。被推倒的壮汉迅速地爬了起来，追上前者，一脚踢在对方的后腿上。终于，两人厮打起来，他们谁都不许对方先推开成功之门。

就在两个壮汉纠缠在一起的时候，两个影子正向他们的方向移动过来，不，应该是一个影子才对！尽管盲人和跛子合作的速度相对缓慢，但他们还是赶上了两个壮汉。两个壮汉因为互相阻挠，都没注意周围的变化。他们心中只有一个信念：不让对方前进一步，却忽视了盲人和跛子的到来。

盲人和跛子因为互相帮助，慢慢地走到了最前边。

在成功之门面前，盲人和跛子并没有相互抛弃，而是彼此示意了一下，共同打开了成功之门。当成功之门被开启之时，两个壮汉才悔不当初。

盲人放下了跛子，他们双手交握着流下了激动的泪水。

上帝微笑着说：“恭喜你们，你们成功了。现在，我将满足你们的愿望。”

盲人说：“我想看看这世界是怎样的。”于是他看见了光明。

跛子说:"我想灵活地跑跳。"于是他扔掉了拐杖。

上帝又问:"如果以后,你们再遇到类似的情况将会怎样呢?"

他们同时坚毅地回答:"如果对方摔倒了,我一定会把他拉起来,因为,互相帮助才能使我们走向成功。"

有竞争才能有发展,虽然说竞争对手是在与你争夺既得的利益,但正是因为对手的存在,才是我们不断进步。因此,即使在竞争中败下阵来,也要尊重对手,感谢他给你提供了一个赶超的目标。在这个世界上,合作是主流的,所以我们不妨做人大度一些,互相支持,总比互相拆台要好。

在职场,对任何一位职场人士来说,同事除了是你的竞争对手之外,更重要的同事还是你的合作伙伴。无论任何时候,都应该给予对手相应的尊重,只有这样,才能迎来对手的尊重。没有一个上司愿意看到一个不团结的队伍,只有团结、合作,才能为双方换来"共赢"的局面!

## 【课堂总结】

在职场,对任何一位职场人士来说,同事除了是你的竞争对手之外,更重要的同事还是你的合作伙伴。无论任何时候,都应该给予对手相应的尊重,只有这样,才能迎来对手的尊重。没有一个上司愿意看到一个不团结的队伍,只有团结、合作,才能为双方换来"共赢"的局面!

# 第六章
## 锁定你的目标和注意力

长江因锁定向东而波澜壮阔；青松因锁定向上而伟岸挺拔；珠峰因锁定卓越而傲视群山；流星因锁定精彩而亮彻长空；圣贤因锁定目标而成功卓越。每个人都应该如此，既然方向选对了，就应该规避外界的干扰与诱惑，像凸透镜一样，将自己所有的资源聚焦到一点，用全部的热情和不懈的坚持坚守它——这样才能成就一番大业。

# 明确的目标是成功的一半

卡耐基说："不甘做平庸之辈的人，必须要有一个明确的追求目标，才能调动起自己的智慧和精力。"明确目标像茫茫大海上的一座灯塔，让我们有了方向，给我们指明了成功的道路。明确的目标更让我们有了充足的动力和信念坚持下去，让我们坚持一步走向成功。

30岁的张华感怀地说道："还是学生的时候，我的理想就是成为一家大公司的领导。如今我已经成功了。"目前，张华是北京一家大型企业集团的内控处处长，在说到自己 id 从业经历时，张华表示，自己也走过很多弯路，但是由于自己有明确的目标，最终实现了自己的理想。

张华 1996 年开始在东北师范大学就读，他选择了会计电算化专业。在大学期间，他就开始给自己定下了一个长远的就业目标—到大公司成为领导。在大学毕业之际，张华看到身边的很多同学都准备考研，他本来也想着考研，但是，突然他有了一个新的认识，从事财会这一行业，学历并不重要，重要的是资历。于是，他放弃了自己考研的想法，选择自学注册会计师和注册税务师的课程。

在这个明确的目标的指引下，张华非常刻苦地学习这些课程，每天都是动力十足。大学毕业的时候，他不仅获得了本科证书，而且同时还获得了注册会计师和注册税务师的资格证书。有了这两个证书，张华要找到一份满意的工作是非常轻松的事情。

张华最初的工作单位是哈尔滨一家税务师事务所和一家会计师事务所。在工作一段时间之后，本来充满热情的张华发现，公司的状况和他的理想相差太远，于是，他在众人不解的眼神中放弃了工作，只身来到北京。来到北京这个都市后，他首先到一家会计师事务所工作，以积累自己的经验。后来他又挂职在一家大型的会计师事务所，同时到一家大型的企业集团工作。由于业绩非常突出，在2003年的时候，张华被任命为这家集团的内控处处长。

从一名注册会计师到大集团内控处处长，张华仅仅用了4年的时间。同时，为了实现自己的理想，张华曾经放弃了年薪10万的项目经理的职位，选择了目前年薪7万的岗位。为此，有人表示不理解，但是，张华是这样说的："因为这就是我的理想。"他成功的重要原因就是，他善于总结自己，并不断给自己确定一个明确的目标，只有目标明确了，路才会走得踏实，才会走得长远。

从这个职场案例中我们可以看出，对任何一位职场人士来说，成功的秘诀就是有一个明确的目标。有了明确的目标才能开拓自己的事业，走向光明的前途。也许通向自己目标的路是困难重重的，但是因为目标明确，有目标的指引，不管遇到多么大的困难都会最终走向成功的，明确的目标是成功的一半。

明确的目标就是成功的一半，这绝对不是一句空话。对于任何一位职场人士来说，首先要为自己的职业生涯确定一个目标，一个方向，只有这样，才能让自己信心十足地去拼搏去奋斗。当我们把所有的能量聚焦在一个目标上的时候，我们距离成功还会远吗？所以，马上给自己定一个合理的明确的目标，用自己的辛勤和汗水来实现它，一步步走向自己的事业的成功！

## 【课堂总结】

明确的目标就是成功的一半，这绝对不是一句空话。对于任何一位职场人士来说，首先要为自己的职业生涯确定一个目标，一个方向，只有这样，才能让自己信心十足地去拼搏去奋斗。当我们把所有的能量聚焦在一个目标上的时候，我们距离成功还会远吗？所以，马上给自己定一个合理的明确的目标，用自己的辛勤和汗水来实现它，一步步走向自己的事业的成功！

# 锁定目标和注意力，才能抵挡危险

"高空表演王子"阿迪力在杭州桐庐山水旅游节上，遇到过不小的惊险。那天，表演在富春江江面上进行，钢丝绳横贯在一千多米的江面上，风很大，钢丝绳一直在摇晃。但阿迪力还是起步走了，很慢。意外的事情发生了：江面上的一只游艇突然撞了一根固定钢丝绳的拉线，钢丝绳剧烈地摆动起来。数万观众都屏住了呼吸，阿迪力也停止了动作，站在钢丝绳上丝毫不动。三四分钟后，钢丝绳减缓了晃动。他又起步了，观众中爆发出阵阵掌声。

表演结束后，阿迪力对媒体说，如果把这样高难度的技艺浓缩为一句话，那就是："看目标，别看脚下。"工作不也如此吗？只有将注意力锁定在你的目标，才会抵挡住人生中的种种诱惑和危险，才可以创造出一番惊天伟业。

一位创业不久的朋友非常崇拜陈天桥，他在疯狂浏览了涉及陈的几乎所有信息之后，颇有感触："陈天桥无非玩的就是综合实力，他什么都做，干什么都比人家快出一步。"

不过，陈天桥在中央电视台的《对话》节目中，给出的两大成功密码却大相径庭，其中之一就是专注于锁定的目标。

陈天桥真正的发迹是从《传奇》这个网络游戏开始的，但是在开始自己的传奇人生之前，他也曾经被诱惑过—被各种各样的挣钱机会诱惑着。1999年，陈天桥与弟弟在上海浦东新区科学院专家楼里的一套三室一厅的屋子里创立了盛大网络，并推出网络虚拟社区"天堂归谷"。2000年，盛大网络获得了中华网300万美元的注资。这时候的陈天桥，总是"善于"发现新的赚钱机会，于是很快，盛大广泛涉足网上互动娱乐社区的开发经营、即时通信软件的开发和服务以及网上动画、漫画。这时候，盛大网络进入了迷茫而无序的发展状态。

在后来调转方向、功成名就之后，陈天桥告诉前来取经的创业者："当你认准一个方向的时候就要全力以赴，只有锁定目标和注意力的企业才能成功，多元化的企业可以存活，但是很难成功。"而这正是他切肤之痛过后的经验之谈，"一个创业者都会自信于自己的灵感和方向，但我觉得他们最容易犯的一个错误，也就是我犯的错误，就是所谓的一上来对整个战术执行的多元化或者摇摆不定，他们不是够专注地在某一点上进行突破。"

经营公司如此，经营个人的事业亦如此，因为对于个人而言，自己是自己的老板，工作经营的好坏，只能由自己买单。

长江因锁定向东而波澜壮阔；青松因锁定向上而伟岸挺拔；珠峰因锁定卓越而傲视群山；流星因锁定精彩而亮彻长空；圣贤因锁定目标而成功卓越！世界上夺目的工作太多太多，而专注者知道：生命有限，能力有限。每个人只有一双手，只有在众多的事业中锁定一件自己爱干的、该干的事，才能打造自己的完美人生。若不锁定目标，那么，每天清晨起来，我们将茫然四顾。若不能选准一件事，那么，我们每日的思考与行动将毫无意义可言。宇宙万物都是以中心为内核而运转的，人生也莫不如此。有中心，我们才有可能聚积四周的能量，才有可能吸引实现目标的人力、物力、财力。

很多的人不是没有梦想，而是梦想太多，只有一个梦想的人真可谓凤毛麟角。梦想多者，一生都在游离不定中摇摆，在举棋不定中反复，在浮光掠影中闪失。结果，时间如流水般流逝，机遇之神总是远离，将他们弃在路边，如同敝屣。总之，没有锁定，人生就没有主题；没有锁定，人生就没有方向、没有目标；没有锁定，人生就是一盘散沙；没有锁定，人生就不可能像滚雪球一样越滚越大。最重要的是，没有锁定，你就会陷入与成功擦肩而过的危险。

## 【课堂总结】

每个人在一生中，面临的诱惑很多。工作也是如此，如果一时看不到前景，就会产生"这山望着那山高"的心态，就会被其他看似光鲜的工作所诱惑，从而见异思迁。事实证明，这正是很多人最终不能走向成功的根源。追求成功的路上，充满着寂寞与艰辛，如果你无法锁定目标和注意力，终究沦为命运的奴隶。比尔·盖茨也认为，在变幻莫测的商战中，只有锁定目标和注意力，你才能战胜对手。

# 锁定目标和注意力，才能终有所成

既然选择了一个目标，就不要让这个目标轻易地失去。对于那些浅尝辄止、见异思迁的朋友，非洲猎豹式的做法不失为一个榜样。

非洲猎豹追赶羚羊，像百米运动员那样，瞬时爆发，像箭一般地冲向羚羊群。它的眼睛盯着一只未成年的羚羊，一直向它追去。在追与逃的过程中，非洲豹超过了一头又一头站在旁边观望的羚羊，但它没有掉头改追这些更近的猎物，它一个劲地直朝着那头未成年的羚羊疯狂地追去。那只羚羊已经跑累了，非洲豹也累了，在累与累的较量中比的是最后的速度和坚持力。终于，非洲豹的前爪搭上了羚羊的屁股，羚羊绊倒了，豹牙直朝羚羊的脖颈咬了下去。

可以说，一切肉食动物在选择追击目标时，总是选那些未成年的，或老弱的，或落了单的猎物。在追击过程中，它为什么不改追其他显得更近的猎物呢？因为它已很累了，而别的猎物还不累呢。其他猎物一旦起跑，也有百米冲刺的爆发力，一瞬间就会把已经跑了百米的豹子甩在后边，拉开距离。如果丢下那只跑累了的猎物，改追一头不累的猎物，以自己之累去追不累，最后一定是一只也追不着。

仔细想来，很多人见异思迁，放弃自己一直经营多年的领域，而去追求新的陌生领域，这不是极其愚蠢的行为吗？动物世界的这种普遍现象，也许是一种代代相传的本能。但它启发人类仿效，在追逐目标的过程中，我们有必要借鉴这种智慧。

我国清代著名画家郑板桥的画独树一帜，诗也写得清新文雅，可是字写得软弱无力。于是他下决心练字，他天天练，月月练，几年后终于练就了一手好字，他的画、诗、字被人们誉为"三绝"。可见人们做事的时候需要有水滴石穿的精神，否则难以取得成功。

滴水石穿还在于落下的水滴是朝着一个方向，落在一个定点上。目标明确，精神专一，如果不如此，是不可能有穿石之功的。专注于某一件事情，哪怕它很小，努力做得更好，总会有不寻常的收获。

有时候，一个人自诩有多种技能，但由于蜻蜓点水，钻研不透，反而不如拥有一项专长的人受青睐。专注于某一件事情，尽力把它做到无可挑剔，你可能比技能虽多但无专长的人更容易获得成功。

## 【课堂总结】

雨果说过一句很精辟的话："一个人不能同时骑两匹马。"社会就像一条大船，我们都是航行者，理应风雨同舟，尽心尽力尽职，让航船乘风破浪。羡长江之无穷，叹蜉蝣之须臾。一个人的生命短暂，又要担负公务，又要处理家务，还有不少的事务，我们在浪费许多时间，只有锁定自己的目标和注意力，将所有精力聚焦到一点上，去挖掘生命的深度，才会有所建树。

# 责任比能力更重要

任何一家公司都需要责任心的员工，一个不能把自己当成自己公司的主人的员工，自然也不会受到的公司的重用。没有责任感的人，又怎么能对公司负责呢？这是一个常识，也是一种人生态度。一个人的重要性并不是根据他的能力来定的，而是根据他的责任心来定的。决定一个人成功的最重要因素不是智商、领导力、沟通技巧、组织能力、控制能力等，而是责任！

罗伯特在西尔公司当采购员时，曾经犯下了一个很大的错误。该公司对采购业务有一项非常严格的规定：采购员绝对不能超过自己的采购配额！如果采购员的配额用完了，就不能再购新的商品，要等到配额拨下后才能进行采购。

在某次采购季节中，有一位日本厂商向罗伯特展示了一款很漂亮的手提包，罗伯特作为采购员，以他的专业眼光来看，这款手提包绝对会成为流行商品。但是，此时的罗伯特的配额早已经用完了，他甚至很后悔自己冲动地把所有的配额用光，导致现在无法抓住这个大好机会。

罗伯特面临了两种选择：一是放弃这笔交易，尽管这笔交易一定会为公司带来极高的利润；二是向公司主管承认自己的错误，然后请求追加采购金额。

罗伯特决定采用第二种选择。他一进主管的办公室，就对主管坦承："很抱歉，我犯了个大错。"然后将事情从头到尾解释了一遍。

尽管主管对罗伯特花钱不眨眼的采购方式有很大的意见，但是，他还是被罗伯特的坦诚感动并说服了，并且拨出需要的款项。结果手提包一上市，果然受到消费者热烈的欢迎，成为公司的畅销商品。

罗伯特的做法无疑是明智的。犯了错就要有承担责任的心理准备，因为自己做错了，如果因为害怕被责备而不愿意承认自己的错误的话，那只能失去更多的大好机会。一个勇于承担责任的人，更容易赢得别人的信任和好感。勇担责任还会带来更多的机会，以寻找对策，确保此类错误不会再次发生。勇于负责是一种精神，也是卓越的原动力。一个人承担责任，并时刻保持一种高度的责任感，这样无疑可以为你赢得更多的成功机会。

一位王子半夜起来，去看望生病的父亲，当他走进父亲的房间里，他发现一个仆人正紧紧地抱着父亲的拖鞋睡觉。他对这个仆人的做法有些不解。

于是，他上前试图把那双拖鞋从仆人手里拽出来，但是，仆人突然醒来。王子问仆人为什么要这抱着父亲的鞋子睡觉，仆人说："我怕主人有事出去，而我不知道，这样主人会着凉的。"王子马上被这个仆人的责任心感动了。国王去世后，王子就把那个仆人留下，任命为自己的贴身侍卫。

负责精神无疑是一个人能否做成大事的重要因素。任何一家公司都不需要逃避责任的员工。国内一家大型企业的老板在谈及他心目中的优秀员工时这样说："有责任意识的员工才是优秀的员工，处在某一职位、某一岗位的干部或员工，能自觉地意识到自己所担负的责任。有了自觉的责任意识之后，才会产生积极、圆满的工作效果。没有责任意识或不能承担责任的员工，不可能成为优秀的员工。"

有了责任，才会有压力；有了压力，才会有动力。对任何一位职场人士来说，应该努力做一个全心全意、尽职尽责的人。不管做什么工作，都要踏踏实实地去做，本着一颗负责的心，才能真正地把工作做好，才能创造出卓越的成绩。有责任心，才能以更高的标准要求自己，才能真正地进步，从而取得更大的成功。

## 【课堂总结】

对任何一位职场人士来说，应该努力做一个全心全意、尽职尽责的人。不管做什么工作，都要踏踏实实地去做，本着一颗负责的心，才能真正地把工作做好，才能创造出卓越的成绩。有责任心，才能以更高的标准要求自己，才能真正地进步，从而取得更大的成功。

# 坚持 100℃的热度

经常可以听到这样的抱怨和议论：工作单调乏味，提不起兴趣；工作环境不好，任务重，压力大；报酬太低，离家太远，没有发展前途；领导脾气不好、能力不足，同事关系难处；公司管理混乱，老板任人唯亲，打击报复；激情是心血来潮，"三分钟的热情"……如此的工作、上司、报酬，凭什么要我有激情？激情与我无关，是管理者的事。

工作上的不如意，让我们有太多的理由丧失激情，但没有热情，归根究底还是自己的事，因为最终葬送的还是自己的前程。松下幸之助认为：做事情，搞经营，最重要的是热情，而且是热情洋溢、踌躇满志，只要有热情，才能生智慧，出办法。所以，要想成功，外界的因素都不是我们丧失热情的借口，因为为热情找借口，就是为你的成功找借口。

杰克·韦尔奇认为，看一个员工是否称职，是否喜爱他的工作，其实非常容易，只要看看他做事有没有激情就够了。没有激情的员工，总是表现出相同的特点: 有无穷无尽的借口，注意力不集中，对自己和工作看起来显得信心不足，并伴有抱怨、敷衍、拖延等恶习。可以说，激情就如同生命。凭借激情，可以释放出潜在的巨大能量，培养自己坚毅勇敢的个性；凭借激情，枯燥乏味的工作也会变得生动有趣，让自己永远充满活力；凭借激情，可以感染上司和周围的同事，让他们理解你、支持你，拥有良好的人际关系；凭借激情，可以让自己出类拔萃，与众不同，获得珍贵的成长机会和发展空间。

每个人内心深处都有像火一样的热忱，却很少有人能将它释放出来，大部分人都习惯于将自己的热忱深深地埋藏在内心深处。因为缺乏热忱，不但工作做不好，甚至还因此付出惨痛的代价。

美国著名作家、世界十大推销员之一的弗兰克·贝特格，早年曾是一名很棒的职业棒球运动员。因为伤病退出职业棒球生涯之后，贝特格成了一名人寿保险推销员。起初的十个月是沉闷和令人沮丧的，以至于贝特格觉得自己根本就不适合当一名人寿推销员。

一次偶然的机会，贝特格参加了戴尔·卡耐基所主持的演讲。当轮到贝特格发言时，卡耐基打断了他，说道："等一等，等一等，贝特格先生，你的发言怎么毫无激情呢，你毫无生气的发言怎么能使大家感兴趣呢？拿出你的激情来！"

接着，卡耐基先生以鼓动的口气讲解了"激情"一词，讲到激动处，他抄起一把椅子，狠狠地摔在地上，摔折了一条椅腿。

"拿出你的激情来！"戴尔·卡耐基的话犹如当头棒喝，让贝特格幡然醒悟，他意识到毁了他棒球生涯的东西也还会毁掉他的推销员生涯。他决定拿出当初的激情，投入到做推销员的工作中来。

接下来发生的事，让人叹为观止。在回忆录中，贝特格这样写道："我始终记得第二天我打的第一个电话。我下定了决心要在工作中充满激情，那真是一次速战速决的谈话。接电话的人大概从未遇到过如此热情工作的推销员。当我集聚起我的全部热情来说服他时，我倒真希望他能问我到底发生了什么，并打断我，然而他并没有这样做。"

"在后来的面谈中，我注意到他挺直了身子，睁大眼睛，想询问有关寿险的事。但他并没有打断我，最终也没有拒绝我的推销，买了一份保险。从那天之后，我开始真正地推销了。'激情'奇迹般在我的工作中发生了作用，就像在我的棒球生涯中一样。"

让我们记住他的忠告吧："在12年的推销生涯中，我目睹了许多的推销员靠激情成倍地增加了收入，同样也目睹了更多的人由于缺少热情而一事无成。机遇和成功会眷顾那些每天都充满激情地投入工作的人。"

"拿出你的激情"体现的是一种积极进取的精神，一种乐观自信的态度，一种负责任的行动。它是激励，更是行动；是质问，更是号角，也是催促。

## 【课堂总结】

热情可以说是一切成功的基础。一个人如果对人生、对工作、对事情、对朋友、对事业没有热情，那他一定不会有大的作为。正如爱迪生所言：热情是能量，没有热情，任何伟大的事情都不能完成。我们对待工作的热情也应该如此，应该时刻保持它的热度，才能取得工作上的成功。

# 三分热度，难成大事

这是教授在大学生涯中的最后一堂课，教授把学生们带到了实验室说道："你们将开始新的人生了，这是我教给你们的最后一堂课，是最简单但又是最深奥的实验课，希望你们以后能永远记住它！"

学生们目不转睛地盯着教授，生怕看漏了什么。只见教授取出一个玻璃容器，倒了半杯清水进去，然后放进冰柜里。过了一会儿，容器端出来了，水被冻成了一块晶莹的冰块。

教授说："在0℃以下，流动的水变成了固态的冰，就不能流动了，就像南北极地的冰，它们待在那里几万年了，动也不能动，它们的全部世界，就是脚下的那丁点大地方，我们实在替这种水感到惋惜和悲哀啊！"

"现在，我们来看水的第三种状态。"教授边说边把盛冰的容器放到了点燃的酒精炉上，过了一会儿，冰渐渐融化了，后来被烧沸了，咕咕嘟嘟地翻腾出一缕缕白色的水蒸气，飘散在空中……最后，容器里的水被烧干了。

教授关掉了酒精炉，望着大家问："谁能告诉我，这些水到哪儿去了呢？"

学生们面面相觑，摸不着头脑："这太简单了吧，这个小学生都会做的实验，学识渊博的教授却在这里再教给我们，不是有点幼稚可笑吗？"

教授微笑着对学生们说："水到哪儿去了呢？它们蒸发进空气中，流进辽阔无边的天空里去了。这个简单的实验，大家都会做，但是，它并不是一个简单的实验！"

教授看着这些迷惑不解的学生，亲切地说道："水有三种状态，人生也有三种状态；水的状态是由温度决定的，人生的状态是由自己的心灵的温度决定的：假如一个人对生活和人生的温度是0℃以下，那么这个人的生活状态就会是冰，他的整个人生世界也就不过他双脚站的地方那么大；假如一个人对生活和人生抱着平常的心态，那么他就是一掬常态下的水，随遇而安，他能奔流进大河、大海，但他很难离开大地；假如一个人对生活和人生是100℃的炽热，那么他就会成为水蒸气，成为云彩，他将飞起来，他不仅拥有大地，还能拥有天空，他的世界将和宇宙一样大。"

教授微微顿了一下，笑望着他的学生们："这堂最简单的实验课，就是让大家明白：人的潜能是无穷的，那我们要怎样激发自己的潜能呢？答案就是就要对人生、对生活的温度最少保持在100℃，直白一点，就是要全力以赴，以

100℃的热情对待你们的工作和梦想！"

如同教授所言，你的未来是冰，是水，还是水蒸气，取决于你热情的程度。然而现实生活中，很多的人并不缺乏热情，而是缺乏保持这种热情的毅力。在工作中，经常能看见"三分钟热情"的现象，这种"三分钟热博"具有极大的破坏力，工作延误不说，对我们的损失和伤害也是很大的。

许多人认为激情只是一种短暂的情绪冲动，因时因地因事而异，不能维持一种长久而稳定的状态。有这种认识的人，他们只是看到了激情的一个方面。真正的激情，根植于我们坚定的自信，根植于我们内心对成功强劲的追求和期盼之中，是我们价值观和认识观的一种体现。

所以，就像教授做的实验一样，非得坚持100℃的热度不可。同理，每个想成就一番事业的人，对待工作也非得拿出高度的热情不可，而且要持之以恒，直到最后的成功。

## 【课堂总结】

许多大事之成，不在于力量的大小，而在于热情和坚持时间的长短。我们每天都应该以饱满的精神与热情去迎接新的工作的挑战，以最佳的精神状态去发挥自己的才能，去充分发掘自己的潜力。

# 滴水能穿石：坚持创造奇迹

有人说，成功等于 90% 的汗水 +10% 的智慧。这些都是影响成功的主要因素，但是如果不懂得持之以恒和坚持，这一切都只是空想。在中国人的记忆里，"水滴石穿""铁杵磨成针"已经是"刻骨铭心"的道理。

纵观古今中外历史，持之以恒做好一件事的故事数不胜数。可是绝大多数的人有着浮躁的心态，恨不得在一夜之间完成需要很长时间才能完成的事情。医治这种不良心态的最好办法就是修炼自己的"决心"和"恒心"，做任何事情都脚踏实地，循序渐进。特别是在自己处于困境的时候，更要咬紧牙，坚持到底。

种过西瓜的人，都明白"胎瓜效应"：一棵西瓜秧结几个瓜，第一个瓜叫胎瓜。这个胎瓜可能是苦的，但是后面一个比一个甜。没有这第一个苦的瓜，就不会有后面几个甜的瓜了。成功也是如此，只有尝试了失败与挫折之苦，才会有可能享受到后来甜蜜的果实。

失败、挫折是不可避免的，但都是可以战胜的。不管做什么事，只要不放弃，就会一直拥有成功的希望。如果你有99%想要成功的欲望，却有1%想要放弃的念头，那么是没有办法成功的。

世上没有失败，只有放弃，放弃了就没有了任何的机会，放弃了就真正跌入了万劫不复的深渊。相反，对于那些成功者而言，他们成功的秘诀却是绝不放弃，不管遇到什么困难与挫折，他们都会坚持自己的信念，直到成功。

司马迁、李时珍正因为有二十载的坚持和执着，才有流芳百世的《史记》《本草纲目》；达·芬奇之所以成为世界闻名的画家，起始于画蛋的执着；爱迪生正是经过了99%次的失败之后，才实现了1010次的成功。可我们也看到了许多因朝三暮四、轻易放弃的例子，放弃就等于失败，学习不能三分钟热度，一定要持之以恒。

## 【课堂总结】

荀子说："锲而舍之，朽木不折，锲而不舍，金石可镂。"任何事贵在坚持。坚持，滴水可穿石；放弃，朽木都难以折断。生命的奇迹往往在放弃与坚持的一念之间，而这一念之间，却决定着你是平庸者，还是卓越者。

# 关键时刻，坚持到底就是胜利

职场努力很重要，但是，在关键的时候，坚持更重要，坚持到底，对我们来说就是一种胜利。很多时候，在我们坚持了很长时间以后我们都会怀疑自己的坚持是否错了。在这个关键的时刻，很多人选择了放弃，而只有那些，在关键时刻依然没有放弃，在关键时刻比以往更加坚持，更加努力的人，才有希望达到成功的顶峰。

汽车大王亨利·福特有一个"把美国带到轮子上的人"的美誉。有一次，他想制造一种 V8 型的发动机。但是，当他将这个想法对工程师们诉说的时候，工程师们都认为这只能是一个美好的设想而已，现实中是绝对不会成为事实的。然而，福特却一直坚持去尝试，"要想办法把它制造出来。"尽管令工程师都大吃一惊，尽管他们每个人都这样认为，但是福特的坚持让他们不得不去尝试。

工程师们开始很不情愿地进行尝试，几个月后，他们给福特的回答是："我们无能为力。"

但是，福特却还是说："这是关键的时候，继续尝试，直到成功！"

很快，一年多过去了，仍然没有取得多大的进展，这时所有的工程师都觉得无论如何都该放弃了。但福特还是仍然坚持"必须做出来。"

在这个时候，有一位工程师突发灵感，竟然找到了解决办法。就这样，福特终于制造出了"绝不可能"成功的V8型发动机。

为何工程师们认为"绝不可能"的事情，最后还是有方法解决了呢？

最重要的一点，就是不管我们在做什么事的时候，首先要把不可能的思想束缚放一边。而只是去想我们自己是否真的想尽了一切办法、穷尽了一切可能！当我们坚持到了最后，度过了最难走的一段征途的时候，我们会发现，原来只要坚持到最后的几步就可以获得成功。

职场也是这样，关键时刻，只要继续坚持，不断地挖掘自己的潜能，才能将羊肠小道走成康庄大路。正如诗人汪国真所说：没有比脚更长的路，没有比人更高的山。

每一位职场人士之所以获得成功，不仅仅是因为他的辛勤和汗水，还有他的努力坚持，但是，当一种方法无法抵达目标的时候，那就得换一种方法，这样才能真正地把一件事做好。有很多人也付出了很多心血和汗水，但还是没能成功，这就需要从自身做事的方法来找原因了。一个成功的人，必定是一个懂得坚持的人，同时，也肯定是一个为了达到目标千方百计想办法的人。

威廉·萨默塞特·毛姆是英国现代著名作家，写下了《人性的枷锁》《月亮第与六便士》等著名长篇小说，他的短篇小说在世界上的声誉更大。可谁知道，这位大名鼎鼎的小说家成名前，生活可是非常的困难。他常常饿着肚子写小说，小说也一直发表不出去，投了稿又被退回来，毛姆越来越着急。

快到山穷水尽了，毛姆突然想到一个新的方法，他厚着脸皮来到一家报社广告部，找到主任后，结结巴巴地开口："先生，请帮我一把吧。我要推销我的小说。想来想去，只能求助于报社登广告了。还想请您帮忙，在各大报纸上都刊登。"

"各大报纸？"广告部主任惊讶地瞪大了双眼，"亲爱的毛姆先生，您有那么多钱吗？"

"有，这广告刊登后，我的书肯定会畅销一空的。你肯先帮我垫付吗？到时加倍还您。"毛姆自信地回答。

面对广告部主任迷惘的脸，毛姆递上了早已草拟好的广告词。广告部主任飞速他看完，当即一拍桌子："好，这主意太棒了。我帮你的忙。"

第二天，各大报纸都同时刊登出了一则令人注目的征婚启事：

"本人喜欢音乐和运动，是个年轻而又有教养的百万富翁，希望能和毛姆小说中的主角完全一样的女性结婚。"

女性读者们不等读完第二遍启事，马上飞快地冲向书店，抢购毛姆刚出版的那本小说。回到家，她们纷纷关起门来细细阅读：不知自己像不像毛姆小说里的女主角。男性读者更不甘落后，边火急火燎赶路边暗暗盘算：快买一本毛姆的小说，细细了解一下女友的心理世界，好对症下药啊！要不，自己的女友岂不要扑入那百万富翁的怀中。

三天后，整个伦敦的所有书店涌满了要购买毛姆小说的读者，可售货员只能扯直嗓子嚷："没有了，本店一本也没有啦！我们正向出版社增订呢！很快就会来的。"

靠这奇妙的征婚启事，毛姆的生活出现了转机。那广告部主任当然也得到了一笔数额可观的酬金。

面对目标，当一种方法不能解决问题的时候，坚持固然很重要，但我们需要及时解放自己的思想，换一种角度来思考问题。毛姆看到自己的处境，想到了一个让滞销书畅销的方法。以报纸做广告的形式来推动小说的宣传，但宣传又是一个十分巧妙地宣传，抓住了人们的心理。毛姆的成功，的确有其独到之处。一个煽动效应，一本书的畅销。毛姆为达到自己的目标，在坚持的同事，用自己的智慧赢得了成功！

对职场人士来说，当我们面对困难的时候，重要的是坚持再坚持，在坚持中找到解决问题的方法，在坚持中赢得最后的胜利！面对目标，我们有信心也应该有理由去主动迎接它、挑战它。坚持的同时，我们不妨，运用自己的智慧，找到合适的方法解决问题。坚持是成功者的意志，在坚持中学会思考，是成功者的智慧。坚定自己的理想去追求吧，记住坚持到底，就是胜利！只要我们能够坚持跨过了困难，我们将发现"山重水复疑无路，柳暗花明又一村"的美丽景象。

## 【课堂总结】

对职场人士来说，当我们面对困难的时候，重要的是坚持再坚持，在坚持中找到解决问题的方法，在坚持中赢得最后的胜利！面对目标，我们有信心也应该有理由去主动迎接它、挑战它。坚持的同时，我们不妨，运用自己的智慧，找到合适的方法解决问题。坚持是成功者的意志，在坚持中学会思考，是成功者的智慧。坚定自己的理想去追求吧，记住坚持到底，就是胜利！只要我们能够坚持跨过了困难，我们将发现"山重水复疑无路，柳暗花明又一村"的美丽景象。

# 理想有多远，我们就能走多远

每一位职场人士都有自己的职业理想，但是，在实现职业理想的路上并不会一帆风顺，总会遇到坎坷和困难，也时而会有摇晃颠簸，只要锁定目标，勇往直前，总会有达到的一天，相信：理想有多远，我们就能走多远。在布满坎坷与荆棘的职业生涯中，职业理想是照亮我们人生前进的引航灯。古希腊伟大的物理学家阿基米德说过的：给我一个支点，我就能撬起整个地球。对职场人来说，职场的成功是需要有这般的勇气和豪情的。

汉高祖也可谓是一个有着远大抱负的人，他曾经有一次看到秦始皇出行时说过一句这样的话："嗟乎，大丈夫当如此也！"从这句话中我们可以看到他有远大的人生理想，当时的他也只是一个小小的亭长，却能够说出这般的话，表明他不再满足于一个小小的亭长的职位，他想做一个顶天立地的大丈夫而在他的脑海中，这个大丈夫的含意也就是皇帝，从此以后，他开始了百折不挠的奋斗。

俗话说："志高则品高，志下则品下。"刘邦在接下来的几年中充分运用他的聪明才智和独特的个人魅力，由此他的麾下会集了一大帮谋士勇将，经过了数十年的南征北战，屡败屡战，在推翻残暴的秦朝统治中立下汗马功劳。曾经在他攻入咸阳时，他也曾想在此享受荣华富贵，这时他的一位谋臣张良说道："你的志向难道就仅限于此吗？"刘邦听后，心中一振，迅速觉醒。他离开咸阳，驻兵霸上，这也使他避免了成为众多诸侯所攻击的对象，最终他能击败了西楚霸王项羽，建立了繁荣昌盛的汉朝，对后世影响深远。这正验证了高尔基的一句话："一个人追求的目标越高，他的才力就发展得越快，对社会也就越有益。"

从刘邦身上我们可以看到，一个人的远大理想、豪情壮志对他一生的发展和成就将会有多么大的影响，试想，如果刘邦也和诸多平民一样，在开始时就只满足于一个小小亭长的职位，每日除了按部就班地完成不多的公事，便是与贩夫走卒之徒吃酒赌钱，如此这般不思进取的话，他也终将会淹没于历史的滚滚车轮中，不会留下丝毫痕迹，昌盛一时的汉朝也将不复存在，我们也将不会知道历史上还有过一个叫刘邦的人。正因为他的伟大抱负，才使他能够为之不断努力最终成就了他的伟大功绩。

所以，对职场人士来说，有一个远大的职业理想是非常有必要的。有了理想，才会不自觉地向实现这个愿望的方向靠近。对任何一个人来说，他的抱负他的理想有多么远大，他的世界也就有多大。就像伟人毛泽东他所具有的豪情壮志。"指点江山，激扬文字，粪土当年万户侯""到中流击水，浪遏飞舟。"从这些毛泽东青年时写下的诗句中，我们可以感受到毛泽东他的博大胸襟和远大抱负。可以说，一个人的理想有多大，他的心胸就会有多么辽阔，当我们执着于自己的职业理想的时候，就不会为职场纷杂的利益关系所困扰，不会为尔虞我诈的职场折磨的心力交瘁，我们会将更多的精力用在实现自己的职业理想上。一个人拥有什么并不重要，重要的是他想要获得什么，用什么方法去获得。你的目标在远方，它就会时刻召唤着你向前进。

在1858年时，瑞典的一位富商家中生下一位漂亮的女儿，然而，非常不幸的是，在这个小女孩很小的时候得了一场重病，从此以后双腿瘫痪了失去了行走的能力，她的父母想尽了一切办法进行医治，但都不见成效。

有一天，小女孩的父母带着她一起去乘船旅行，在船舱中休息时，船长的太太给小女孩讲船长有一只很漂亮的天堂鸟，小女孩听了非常好奇，想马上去看看这只天堂鸟，保姆就去把小女孩放在了甲板上，自己去找船长了，小女孩在甲板上等了一会保姆还没回来，小女孩有些着急，就让船上的服务员带她去找船长，服务员不知道小女孩的腿不能走路，而只顾拉着她往前走。

这时，奇迹发生了，小女孩由于极度渴望想见到那只美丽的小鸟，竟然拉着服务员的手慢慢地走了起来，就这样，小女孩的病竟然痊愈了。

这个女孩子在长大后勤奋好学时常会达到忘我的境界，最终她成为第一个荣获诺贝尔文学奖的女性，她也就是茜尔玛·拉格萝芙。

这个小女孩的事迹让我们明白如果我们的心极度渴望做成一件事情时，这时我们将能达到一种忘我的境界，而此时我们也将能够超越自身的束缚，释放出最大的能量，从而也将有意想不到的奇迹发生。

正如在人生的漫漫长路中，你能走出多远，并不是问你的双脚，而是要问你的心。只要你的思想有多远，你就能走出多远。

每一位职场人士都有自己的职业理想，但是，如何实现自己的职业理想呢？没有比脚更长的路，没有比人更高的山。理想有多远，我们就能走多远。只要我们本着一个执着的信念，相信，我们走过的每一条小径的旁边都会遍地花开，漫野花香的。手里没有花，但是心中有，而且散发出来的花香更迷人，更持久！那么，坚定我们的职场理想并努力去实现吧！

## 【课堂总结】

　　每一位职场人士都有自己的职业理想，但是，如何实现自己的职业理想呢？没有比脚更长的路，没有比人更高的山。理想有多远，我们就能走多远。只要我们本着一个执着的信念，相信，我们走过的每一条小径的旁边都会遍地花开，漫野花香的。手里没有花，但是心中有，而且散发出来的花香更迷人，更持久！那么，坚定我们的职场理想并努力去实现吧！